아버지 그림자밟기

강남 엄마는 절대 모르는
전교 200등 서울대 가기

아버지 그림자밟기

강남 엄마는 절대 모르는
전교 200등 서울대 가기

아버지
그림자밟기

한일수 지음

"학생의 자존감이 낮습니다." 이 말에 아버지는 충격에 빠졌고, 반성했다. 그 반성과 소통의 기록이다. 아이는 늘 책을 읽었는데 **책 읽는 가정환경**에서 비롯된 것이다. 아버지를 꾸준히 무서워한 아이는 그 외로움을 **책 읽는 습관**으로 달랬고, 강압적인 아버지가 자상하고 격려하는 아버지로 바뀌자 내성적인 아이에서 **자신감 넘치는 외향적 성격**으로 바뀌었다. 아이의 자존감은 높아졌고, 마침내 **학업에도 큰 성취**를 보였다. 아이 성적이 가파르게 상승한 것은 실로 **독서의 힘**이다. 한의사인 저자가 아이를 비롯하여 25년 임상경험을 통해 얻은 **한의학 학습장애 치료 경험**도 함께 수록했다. 아버지는 아버지대로, 아이는 아이대로 이야기는 더 있다.

강압과 폭력에서 선량한 아버지로

이 책은 아마도 《공부가 가장 쉬웠어요》 뒤를 잇는 그런 책으로 분류될 것으로 생각한다. 나도 사실 그런 목적으로 글을 썼다. 하지만 대단히 죄송하게도, 어떻게 하면 서울대학교에 갈 수 있는지, 어떻게 해야 수능에서 더 좋은 성적을 올릴 수 있는지에 대한 구체적인 정보는 별로 들어 있지 않다. 차라리 필자의 선친과 필자 본인, 그리고 이번에 대학에 들어간 둘째 아들에 대한 사적이고 소소한 개인사에 가깝다.

필자의 둘째 아들은 중학교 3학년 때, 국영수 과목 성적이 300명 중 200등 정도에 지나지 않았다. 지방에서 그런 성적이라면 명문대 진학을 기대할 수 없다는 게 상식이고, 나와 아내도 그렇게 생각하고 있었다. 그저 고등학교에 가면 열심히 성적을 올려서 우리가 사는 지역 국립대에 진학해주길 바라는 마음 정도였다. 서울대학교는 고사하고 '인 서울'을 바랄 수가 없는 성적이었고, 그런 일이 일어 난다면 그야말로 기적이나 진배없었다.

그런데 실제로 그런 일이 일어났다. 2014년 대학입학시험에서 둘째 아들 수빈이는 수학과 한국사에선 만점을 받고, 국어와 영어, 동아시아사에서 각각 한 문제만 틀리는 좋은 성적을 거뒀다. 외국 어를 잘 못 봐서 1점 감점이 있었지만, 논술을 잘 본 덕에 서울대학 교 인문계열에 당당하게 정시로 합격했다. 2013년이 가기 전에 고 려대학교 사회학과 우선 선발이란 고마운 결과도 받아들었다.

어떻게 이런 일이 일어났을까. 대체 무슨 일이 있었던 것일까. 나 는 그 점이 궁금했고, 생각에 생각을 거듭하니 선친과 나, 나와 두 아들을 잇는 선이 드러났다. 그 선은 가족이란 이름으로 포장됐지 만, 사실은 선량한 관리자로서 다해야 할 책임 대신 행해진 폭력과 강압이란 모습이었다. 이 책을 쓰는 동안 나는 몹시 부끄러웠고, 이 런 내용을 과연 공개해도 좋은 건지 한동안 망설이기도 했다. 고민 끝에 나는 드러내기로 했다. 글을 쓰면서 내내 가슴이 아팠다. 그 아픔은 나를 치유하는 과정이기도 했고, 내가 마주 봐야만 하는 벌 거벗은 내 모습이기도 했다.

또 하나의 목적은 치료를 받아야 하는 문제가 있음에도 그저 정신력과 의지만으로 버텨야 하는 학생들에게, 어떤 문제는 한약으로 다스리면 분명히 좋아진다는 점을 한의사로서 알리고 싶었다. 물론 한약을 먹는다고 해서 서울대에 갈 수 있는 것은 아니다. 좋은 성적을 내려면 공부를 열심히 해야 한다. 한약은 그 과정 중에 작은 도움을 줄 수 있는 정도지, 결정적인 변수가 될 수는 없다. 과외비만으로도 버거운 학부모에게 비싼 한약을 먹어야만 좋은 대학을 갈 수 있다고 말하는 것은 사기다.

건강에 문제가 없는 학생은 열심히 공부하면 된다. 건강하지 않은 학생이라면 당연히 치료를 받아야 한다. 그럼에도 우리는 총명탕을 지으려고 용한 한의사를 찾아다닐 뿐, 내 아이에게 어떤 건강 문제가 있는지는 별로 관심이 없는 것처럼 보인다. 그래서 별도의 장으로 한약을 어떻게 쓰면 어떤 문제를 해결할 수 있는지 말씀드리려고 한다. 임상 25년 차 한의사로서 과장 없이 말할 작정이다.

이 책이 과연 그런 목적에 부합하고 있는지는 자신이 없다. 부족한 필력도 문제려니와, 별 도움도 되지 않을 내용을 책이랍시고 내는 것만 같아 와락 겁이 나기도 한다. 부디 이 책을 읽는 독자들에게 부모-자식 간의 관계에 대해 조금이라도 긍정적인 변화가 있길 바라고, 동아시아인들의 건강을 삼천 년간 책임져온 한의학의 이름을 더럽히지 않는 책이 되기를 바랄 뿐이다.

책을 내기까지 많은 분의 고마운 도움이 있었다. 한겨레한의원 한익규 원장은 한의학 관련 부분을 섬세하게 교정해줬다. 김기 선생님께서는 명리학 부분에 대한 귀한 가르침을 주셨다. 손종수, 이호준 두 형은 기꺼이 부족한 원고를 읽고 소중한 지적과 격려를 아끼지 않으셨다. 당사자인 수빈이는 자신이 어떻게 공부를 했는지에 대한 내용은 인터넷에 공개하겠다며 책으로 엮는 것을 마다했지만, 본인에 대한 여러 질문에 기꺼이 답변해줌으로써 공동저자라 불러 마땅한 이바지를 했다. 25년간 함께 살면서 묵묵히 홀시아버지를 모시고 나를 내조하고 두 아이를 키운 아내에겐 특별한 감사를 드린다. 미당을 키운 팔 할이 바람이라면, 이 책을 빚은 팔 할은 아내 공이다. 출판회사 유리창 우일문 대표는 기획에서 출판까지 전 과정을 함께하면서 이 책을 기어이 세상으로 내보냈다. 그가 없었다면 나는 진작 원고 쓰기를 포기하고 말았을 것이다.

이 부족한 책을 아버님과 어머님 영전에 바친다.

2014년 입춘 왕가봉 기슭에서 금림琴林 한일수 적다.

아버지 그림자밟기

어린아이에게 무엇을 하지 못하게 하거나, 무서운 가상의 존재를 드러내고자 할 때 '에비'라고 한다. 에비란 말은 어원이 분명하지 않다. 국어학자들 사이에서도 설이 분분한데, 그중 유력한 것을 모아보면 세 가지로 압축할 수 있다. 양주동 등이 주장하는 대로 아비(父)에서 유래했다는 말이 그중 우선이고, 큰 구렁이 등을 뜻하는 순우리말인 업이 변해서 에비가 됐다는 주장이 있으며, 민간어원으로는 임진왜란 때 왜군이 조선 군인과 양민의 귀(耳)와 코(鼻)를 베어 간 데서 유래했다는 설도 있다. 무엇이 옳은지는 알 수 없지만, 일단 금지어인 에비와 아버지가 연관이 있을 수 있다는 점을 기억하고 넘어가자.

요즘엔 시골에도 몇 동씩 서 있는 아파트란 주거형태는 제법 홍

미로운 고찰 대상인데, 나는 아파트에서 아버지 공간이 사라진 점에 특히 주목하고 싶다. 내가 어렸을 때만 해도 아버지는 안방에서 주무시지 않았다. 작긴 해도 안방에서 떨어진 대문 쪽이거나 안채와는 별도로 구성된 별채의 사랑방에서 혼자 주무셨다. 아침을 먹고 난 뒤에 사랑방 앞에 형제들이 나란히 늘어서서 "학교 다녀오겠습니다." 하던 기억이 새롭다. '하꼬방'이라 불렸던 판잣집만 아니라면, 아무리 조악한 집이라도 아버지는 자기만의 공간이 있었다. 아파트에는 이런 아버지 공간이 없다. 그것은 부권 상실의 시대를 웅변하는 것처럼 보이기도 한다.

영어로 가족을 뜻하는 패밀리family는 노예를 뜻하는 라틴어 파물루스famulus에서 나아가 가족 성원 전체와 토지, 재산을 모두 포함하는 파밀리아familia를 어원으로 본다. 로마 시대의 가부장권은 가족 성원 전체에게 결혼 및 이혼을 명령할 수 있는 권리와 인신매각권을 넘어 생살여탈권까지 포함한다. 로마 시대의 가부장은 가정 내에선 그야말로 왕과 다름없었다. 로마와 같은 급까지는 아니라고 해도, 중국과 우리나라에서 가부장이 누렸던 권리도 그에 준했다. 죽으라면 죽는시늉이라도 내야 했다.

아버지와 왕이 동시에 물에 빠졌다. 한 명만 구할 수 있다면 당신은 누구를 구할 것인가. 조선 시대라면 이런 질문 자체가 불경죄에 해당할 테지만, 아무튼 고민은 없다. 먼저 나를 낳아주신 아버지를

구하고, 왕에게는 무조건 충성을 바쳐야 하니까 같이 빠져 죽는다
는 것이 정답이다. 일반적으로 충효가 근본이라고 알고 있지만, 사
실 유교에서 충보다 앞서는 게 효이고, 절대왕권이 강화되면서 전
통적인 효제孝悌가 충효로 변했다고 보는 게 옳다. 아무튼 집안에서
아버지의 권능은 실로 나라를 다스리는 군주의 그것과 흡사했다.
그렇게 볼 때 어린아이에게 어떤 행동을 하지 말라는 '에비'가 '아
비(父)'에서 왔다는 주장은 충분히 타당성이 있다. 가부장제의 아버
지는 절대적으로 무섭고 두려운 존재였다.

그림자밟기란 놀이가 있다. 실외에서 하는데 우선 술래를 뽑는
다. 술래가 열을 셀 동안 아이들은 흩어져 숨고, 술래는 아이를 찾
는데 찾기만 해서는 안 되고, 다른 아이 그림자를 밟아야 한다. 그
림자를 밟힌 아이가 새로 술래가 되고 아이들은 다시 그림자를 밟
히지 않으려 숨는다. 술래잡기 또는 숨바꼭질과 비슷하지만, 술래
가 다른 아이 그림자를 밟아야 한다는 점이 다르다. 한참 놀고 나면
기분 좋게 땀이 흐를 정도로 몸을 많이 움직이는 놀이다.

그림자를 밟으면 안 되는 사람도 있다. '제자는 일곱 척만큼 떨어
져서 스승의 그림자도 밟지 말아야 한다(弟子去七尺 師影不可踏)'이란
가르침이 최한기가 지었다는 《동자교童子教》에 나오거니와, 사실
이 말은 사서삼경에는 찾아볼 수 없고 일본 에도 시대의 아동용 교
과서가 출전이다. 이 말이 《논어》, 《맹자》 같은 고전에 없으면 어떤

가. 유교가 시대의 이념이었던 시절에는 학문을 가르치는 스승을 매우 존숭했음을 이해하면 그만이다.

그런데 자고로 군사부일체라 했으니, 스승의 그림자를 밟지 못하면 아버지와 왕은 불문가지일 터다. 가풍이 엄격한 집안이라면 아버지에게 나아갈 때는 무릎걸음으로, 물러날 때는 뒷걸음질로 나왔다. 왕에게 바치는 태도를 그대로 요구했고 자식은 따라야 했다. 그림자를 밟다니? 언감생심이요, 패륜이나 마찬가지 아니었을까?

내 선친께서 당신 그림자도 밟지 말라고 가르친 바는 없다. 하지만 당신의 자녀교육은 봉건 가부장제의 그것과 닮은 점이 있었고, 나는 은연중에 그것을 배워 익혔다. 내 아버지는 비록 자식에게 엄하긴 했지만, 그 엄격한 기준을 당신 스스로 지키려고 평생 노력했다. 불우하게도 나는 엄격함의 겉모습만 배웠을 뿐이고, 나 자신에게는 한없이 너그러우면서 아이들에게만 엄했던 점이 달랐다.

겉은 닮았지만, 속이 다른 것을 두고 사이비似而非라고 부른다. 이제야 뒤늦은 후회를 하는 것이니, 오호라! 내가 바로 사이비고 에비였다. 남자가 바깥에 나가 돈을 벌어온다고 무게를 잡는 사이, 여자는 물을 긷고 빨래를 삶고 아궁이에 불을 지핀다. 그런 여자가 하는 모든 집안일을 두고 우리는 살림이라 부른다. 살림이야말로 살리는 행위다. 아이는 아직 어려서 사리분별이 부족하니 사랑으로 가르치고 극진한 마음으로 보살펴야 하는데, 나는 그러지 못했다. 내 말대로 하라고 윽박지르고, 앞뒤 따지지 않고 몰아세우는 야멸 찬 부라퀴였다. 나는 아이를 가르치고 살린 게 아니라 그 반대였다. 아버지가 아니라 그저 무서운 에비였다.

비록 수빈이가 중학교 2학년 때 받아온 검사지를 보고 뒤늦게나 마 조그만 반성은 했을지 모르지만, 이미 아이에게 마음 깊이 새겨 진 상처는 어쩔 것인가. 그래서 나는 독자들에게 말씀드린다. 그림 자밟기 놀이를 할 때 밟히지 않으려고 이리저리 몸을 뺄 수는 있지 만, 그림자가 생기지 않는 곳으로 숨으면 안 된다. 모두가 그렇게 숨어버리면 술래는 영영 바뀔 수가 없고, 놀이는 끝나버릴 것이다. 일곱 자면 2미터가 넘는다. 아이와 아버지는 2미터 넘게 떨어져서 걷는 사이가 아니다. 아이와 아버지는 같이 부둥켜안고 뒹굴며 놀 아야 한다. 그렇게 놀면서 가르쳐야 한다. 아이가 아버지 그림자를 밟자고 달려들면 기꺼이 같이 놀아주는 아버지야말로, 내가 다시 그때로 돌아갈 수만 있다면 꼭 되고 싶은 아버지상이다.

1부

아, 아버지

가정이 화목한 거는 분명 공부하기에 적합한 환경이 맞아요. 부모님이랑 사이가 나쁘고, 부모님끼리도 사이가 안 좋으면 공부고 뭐고 손에 안 잡히죠. 아버지랑 관계가 좋아졌다고는 하지만 항상 좋지는 않았잖아요? 제가 잘못할 때도 몇 번 있었고, 부모님끼리도 사이가 항상 좋으셨던 건 아니고. 그런 날에는 공부가 정말 안 되더라고요. 아니 공부가 뭐예요. 그냥 마음 심란해서 아무것도 제대로 안 됐는데. 그런 걸 생각해보면 공부를 할 수 있는 환경이 중요해요.

66 아버지에게 인정받지 못하다
어린 절도범, '가막소'에 가다
삭발 투혼, 공부를 해치우다 99

1장

아버지에게
인정받지 못하다

● ● ●

쓰디쓴 참외 껍질

1933년 계유년 유월, 루스벨트가 뉴딜정책으로 대공황을 넘어서려 안간힘을 쓰고, 히틀러는 5만 명의 유겐트(소년단원)를 조직하던 그 즈음, 제7대 조선 총독 우가키 가즈시게는 황국신민화정책과 농촌진흥정책 등을 통해 민족혼을 말살하고 조선의 자원을 약탈했다. 1919년 기미 독립만세운동의 흥분과 포효는 잦아든 지 오래, 조선은 바야흐로 일본의 식민지 수탈 대상으로 전락하여, 온 국토에는 피눈물이 흘렀다.

특히 1931년 만주사변 이후 산미증산계획으로 자기 땅에서 내쫓긴 영세 농민들은 그저 먹고살기 위해 만주 벌판과 간도로 대규모 이주를 하지 않을 수 없었다. 가장이 먼저 길을 떠나 남은 가족을 부르기도 했지만, 대부분은 바지랑대를 둘러도 무엇 하나 걸릴 것이 남지 않은 농투성이들이라 볍씨 한 줌과 구멍 난 솥단지 하나 짊어지고 남부여대하여 북으로, 북으로 걸어 올라갔다. 아무도 다른이들을 돌볼 여력이 없었고, 거지와 도시빈민은 자고 나면 한 움큼씩 잡히는 서캐나 빈대보다 흔했다.

어린 영석永錫은 벌겋게 달아오른 오뉴월 뙤약볕 밑에서 타들어가는 입을 소매로 쓱 문대고 다 해진 베잠방이를 다시 동여맸다. 벌써 이틀을 굶었다. 허기도 허기려니와 미칠 것 같은 갈증이 소년을사로잡았다. 누이가 깎아주던 노란 참외 하나만 먹을 수 있다면, 이타는 듯한 갈증이 조금은 가실 것만 같았다. 바로 그 참외가 과일전차양 아래 수북하게 쌓여 있었다. 소년 영석은 다시 한 번 주위를둘러보았다. 오포午砲를 분 지 얼마 되지 않았다. 장꾼들은 다들 점심을 먹느라 자리를 비워, 오전 내내 너른 강경장터에 복닥복닥하던 사람도 많이 줄어들었다. 참외 하나만 들고 냅다 달리면 장죽 길게 물고 과일전을 지키고 있는 저 곰배팔이가 뭘 어쩔 것인가.

몇 번이나 내달리려고 몸을 움찔거리던 영석은 그러나, 제자리에서 한 걸음도 뗄 수 없었다. 차마 그럴 수가 없었다. 이태 전 돌아가시는 자리에서 이제 겨우 아홉 살 먹은 어린 영석을 불러 앉히고 힘겹게 남기신 선친의 유언이 귀에서 쟁쟁거렸기 때문이다.

"넌 청주 한씨 충정공파 30세손이다. 무슨 일이 있어도 자랑스러운 가문의 이름을 더럽히지 말고 살아야 한다."

　그 말씀을 끝으로 선친이 작고하신 지 2년이 흘렀다. 어린 영석은 말은 좋아 매형 집에서 얹혀살았지, 아홉 살 어린 나이에 학교 문 앞도 가보지 못하고 쇠꼴을 베고 농사일을 하면서 2년간 눈칫밥을 먹었다. 열 살 위라지만 철부지였던 매형은 어린 처남을 종구레기(큰 박, 중간 박, 작은 박이 있는데 작은 박을 종구레기라고 한다. 종구레기는 쓰임새가 많아서 부엌 등에서 자주 쓰인다.) 부리듯 함부로 돌렸고, 석 달 전 기어이 사달이 나고야 말았다. 대전에 나간다면서 잡으라고 내민 말고삐를 영석이 내동댕이치고 만 것이다.

　"내가 청주 한씨의 후손인데, 어떻게 매형이 나에게 말고삐를 잡으라고 하실 수가 있습니까. 아무리 세상이 변했다 해도, 양반집 자식에게 말고삐를 잡으라고 시키는 법은 없소이다."

　어린 영석은 말 위에 앉은 매형을 쏘아보며 노한 목소리로 말했다. 모욕감이 온몸을 뒤덮었다. 아무리 세상이 힘들고 어려워도 이런 치욕을 견뎌가며 더는 매형 집에서 눈칫밥을 먹고 살 수 없었다. 집을 나서는 영석을 붙잡으며 여섯 살 위인 누나는 애타게 말렸다.

　"네가 지금 가면 어딜 간단 말이냐, 노랑돈 한 푼 없는 네가 어딜 가서 무얼 먹고 살려고 집을 나간단 말이냐. 제발 이러지 마렴. 애야, 제발 누이 말 좀 들어……."

　하지만 영석은 열일곱 살의 어린 누이 손을 기어이 뿌리치고 자기 발로 매형 집 대문을 걸어 나왔다. 원정리에서 대전까지 백 리 길을 소년은 분함 반, 눈물 반으로 걸었다. 그 뒤로는 상거지 신세였다. 살자면 어떻게도 살아지는 법이라지만, 빌어먹는 밥은 시도

때도 없었고, 소년은 늘 배를 곯았다. 그렇게 거지꼴로 떠돌아다닌 지가 석 달, 1933년의 여름은 너무나 더웠다. 그래도 갈증이 난다고 남의 참외를 훔칠 수는 없었다. 그렇게 살 수는 정녕 없었다.

결국, 영석은 과일전 차양 아래 가득 쌓인 참외를 포기했다. 대신 소년은 사람들이 깎아버린 참외 껍질을 슬그머니 주웠다. 과일전을 지나 싸전을 왼쪽으로 돌자 인적이 없는 골목길이었다. 영석은 참외 껍질을 바지춤에 쓱쓱 닦아 우적우적 먹기 시작했다. 쓰디쓴 참외 껍질이었지만 오래 씹으면 조금 단맛이 나는 것도 같았다. 어린 영석의 눈에선 닭똥 같은 눈물이 연신 흘러내렸지만, 그것이 고작 참외 껍질이나 주워 먹고 있는 자기 처지가 슬퍼서였는지, 돌아가신 아버지가 울컥 그리워서였는지, 앞으론 절대로 이런 처지가 되지 않겠노라고 스스로 다짐하는 눈물이었는지는 잘 알 수 없었다. 입 안 가득 쓰디쓴 참외 껍질을 씹으며 열한 살 어린 영석은 1933년의 뜨거운 유월을 넘어가고 있었다.

거지소년, 육남매 아버지 되다

소년 영석의 이야기는 내 선친이 실제로 겪은 일이다. 나의 조부(한태교韓台敎)께서는 충남 서천군 마산면 지산리 선영에서 동네 학동들을 가르치며 논밭을 갈아먹던 가난한 유생이었다. 한가 사람들은 대대로 처복이 없었다. 입향조인 9대조 이래로 부인이 병환으로 일찍 돌아가시고 홀아비로 살았다거나, 두 번째 부인도 그만 당신보다 앞세운 조상님이 여럿 계셨는데, 딱하게도 내 조부 역시 그러했다. 두 번째로 얻은 부인에게서 아들 셋과 딸 하나를 두고 그럭저럭 마음을 붙이고 살았건만, 그 부인마저 병환으로 돌아가고 말자 그만 낙심하고 말았다. 조부께서는 살림을 작파하고 어린 아들딸 셋을 흩어 맡기고는, 어린 영석만 데리고 알고 지내던 유생들 집 사랑채에서 동가식서가숙하며 지냈다. 그렇게 3년이 지난 뒤, 본인이 돌아가실 것을 예감한 조부는 고명딸을 출가시킨 대덕군 기성면 원정리 사돈집에 몸을 의탁했다. 석 달을 병석에 누워 있다가 운명하는 자리에서 겨우 아홉 살 난 막내아들 영석의 손을 잡고는, 청주한씨의 명예를 지키며 살라는 거창한 유언을 남기고 쓸쓸하게 돌아가셨다.

내 아버지는 그 말을 충직하게 지켰다. 양반이 어찌 말고삐를 잡겠느냐는 맹랑한 이유로 가출한 것이 열한 살 때였다. 1933년의 조선땅에서 누가 그 어린아이를 돌볼 수 있었을 것인가. 굶어 죽어도 얼어 죽어도 아무도 눈 하나 꿈쩍 않을 상황이었건만, 내 아버지는 열한 살 나이로 집을 나가 거지꼴로 떠돌다가 기어이 살아남아, 우리 육남매를 키웠다. 남도에서 북만주까지 아니 간 곳이 없고, 거지 노릇에서 돌 깨는 석수장이, 학교 소사, 목수 일 등을 하면서 어렵게 국문을 깨치고 한문도 어깨너머로 배웠다. 그리고 대전에서 나

무통을 만드는 목수로 자리를 잡았다.

큰누나가 1945년 해방둥이고, 내가 막내로 1963년 계묘생이다. 20년에 걸쳐 줄줄이 태어난 딸 셋 아들 셋을 먹이고 입히고 가르치려니 아버지는 강해야만 했다. 실제로 당신은 누구보다 강했다. 한 번 입에서 나온 말은 결코 물리는 법이 없었고, 당신의 결정은 언제나 최종심급의 확정판결이었다. 비단 가정 내에서만 그랬던 것이 아니라, 당내간을 넘어 충정공파 종친회 일족에 두루두루 아버지의 영향력은 크고 깊었다. 내 아버지를 간략하게 정의하자면 강직하고 정의로운, 그리고 무서운 분이셨다.

안정효의 소설 《악부전》에 나오는 아버지처럼 아무 때나 자기 분을 못 이겨 자식을 때리지는 않았지만, 정해진 규율을 어기면 어김없이 엄한 꾸지람과 함께 회초리를 들었다. 성적이 떨어져도 맞았고, 예의 바르게 행동하지 않아도 맞았다. 꼭 매를 들어서만은 아니었다. 그저 기척만으로도 안방에서 수다를 떨던 모든 식구를 침묵시킬 만큼 당신은 압도적인 존재였다. 나에게 아버지란 그런 존재였다. 누구보다도 강하고 무섭고 두려운 분.

더러 손님이 오시면 막내인 나를 불러 겸상을 하시곤 했다. 안방에서 장독대를 지나면 사랑방이었는데, 장독대 즈음에서 어머니가 늘 기다리고 계셨다. 그리고 내게 이런저런 반찬들, 이를테면 조기구이라든가 소고기 장조림이라든가 달걀부침 등등은 손대지 말 것을 당부하셨다. 사랑방에 들어가면 구십 도로 허리를 꺾어 누군지 모를 손님에게 인사를 했다. 그러면 손님이 예의를 차리느라 환한 미소를 띠고 물을 차례였다.

"허, 그 녀석 잘생겼다. 너 몇 살이냐?"

그럴 때면 내가 대답하기도 전에 아버지가 아무 일도 아니라는 듯 심상한 목소리로 말하곤 했다.

"네 살인데 국문을 뗐다오."

손님이 짐짓 감탄하는 체하는 사이로, 난 수저로 밥을 떠먹기가 참 어렵고 조마조마했다. 네 살배기가 무엇을 알았겠는가만, 조심하고 삼가야 한다는 것은 분명히 알았다.

네 살, 한글을 떼다

한글을 뗀 것은 큰누나 덕분이었다. 누나는 지금은 교육대학이 된 2년제 초급대학을 막 졸업한 터였다. 누나는 초등학교를 1년 일찍 들어간 까닭에 대학을 졸업하고도 바로 발령을 받지 못했다. 공무원 임용이 가능한 나이가 안 됐기 때문에 6개월을 기다려 나이를 채운 뒤에야 예산에 있는 초등학교로 초임 발령을 받아 나갔다. 부지런한 양반이라 그사이에 전공을 살려서 네 살 먹은 막둥이 동생에게 한글을 가르쳤다.

다행히 내가 진도를 곧잘 따라갔던 모양이고, 얼마 지나지 않아 누나가 사다 준 《성웅 이순신》 같은 만화책을 읽기 시작했다. 학교 문턱에도 가보지 못하고 혼자 어렵게 국문을 깨친 아버지는 그걸 제법 대견하게 여기시곤 다른 분들에게 자랑하고 싶으셨던 게 아닐까. 당신께서는 20대부터 종친회에 출사했고, 선영 가꾸는 일을 일생의 소임으로 간주하셨다. 지금은 고속도로가 시원하게 뚫려서 차로 한 시간 남짓이면 도착하는 곳이 됐지만, 당시에는 대전에서 서천군 마산면 선영에 가자면, 한나절을 넘어 거의 하루가 다 지나야 했다. 선영을 가실 때는 대개 나를 데리고 가셨다. 오가는 길에 네다섯 살 어린놈이 간판 글씨를 척척 읽어내고, 그를 본 버스 승객들이 감탄하는 것을, 아버지가 흐뭇한 눈길로 바라보던 기억이 난다.

하지만 정작 내 학업 성적은 신통치가 않았다. 한 해 먼저 입학해서 일곱 살에 초등학교에 들어갔는데, 성적은 늘 10등 언저리를 넘지 못했다. 내 위로 두 분 형님은 모두 공부보다는 운동에 더 적성이 맞았던 터라, 나에게 나름대로 기대를 걸었던 아버지는 그런 내 성적표에 만족하지 못하셨다. 성적표를 받아오는 날이면 회초리도 함께 꺾어야 했다. 고통스러운 시간이 지나고 절뚝절뚝 안방으로 돌아와 훌쩍이는 나를 엎드리게 하고, 어머니는 말없이 찬 물수건을 피멍이 든 종아리에 얹고 주물러주셨고 나는 아프다고 비명을 질렀다.

"이렇게 하지 않으면 내일 걷지도 못 한단다……."

이때는 어머니도 늘 소리죽여 우셨다.

책 읽는 아이

내가 학교 공부에 흥미를 느끼지 못했던 이유는 교과서보다 만 배는 더 재미있는 책 읽기에 푹 빠졌기 때문이다. 내 위로 형님이 두 분, 누님이 세 분 계셨고, 다들 학업 중이던 터라 집에는 읽을 것이 늘 있었다. 나는 집에 굴러다니는 모든 종류의 책을 읽었다. 안방 건너 조그만 이불방에 들어가 저물도록 책을 읽다가, 더 책을 읽을 수 없을 정도로 사위가 어두워지면 랜턴을 켜고 책을 읽었다. 저녁 때가 다 지나도록 막둥이가 보이질 않아 온 동네를 부르고 찾아도 없어서 다른 식구들끼리 저녁밥을 먹는데, 건넛방에서 키득거리는 소리가 나서 이불장을 열어보니, 거기 앉아서 책을 읽고 있더란 증언을 둘째 형이 해주었다.

　아무튼 서음書淫이란 말을 들을 정도로 책을 읽었는데, 독서라기보다는 문자중독증 같은 것이 아니었나 싶다. 내가 살던 인동에서 시립도서관까지는 어린 걸음으로 한 시간은 좋이 걸렸다. 집 안의 읽을 만한 책을 다 읽고 나자 시나브로 초등학교엘 들어갔는데, 그러니까 일고여덟 살 때부터 일요일이면 집에서 시립도서관까지 걸

여덟 살 때 아버지 공장 앞에서 사과를 한 입 베어 물고. 오른쪽은 아버지와 서울 나들이 중 남산 어린이회관을 방문하고 받은 기념품을 들고. 무섭기만 한 아버지가 아니라 어린 자식의 견문을 넓혀주려 가끔 여행을 다니기도 하셨다.

어가 책을 읽었다. 학교 공부는 거의 하지 않았다. 시험공부란 걸 해본 기억이 없다. 매를 맞아도 도무지 성적이 오르질 않자 아버지는 그런 나에게 기대를 접으셨던 모양이다. 하긴 여섯 남매를 키우자면 막둥이만 바라보고 있을 수도 없었을 것이다. 당시 내가 다녔던 초등학교 졸업 동기 중에는 중학교도 진학하지 못하고 철공소나 양복점, 미용실이나 각종 공장으로 일하러 나가던 친구가 제법 많았다. 가난이 너무 흔했던 시절이다.

성실하고 솜씨 좋은 목수 아버지

다행히 목수로서 아버지는 실력이 좋았던 모양이다. 양조장이나 피혁회사에서 주문받은 큰 나무통을 만들어 납품하는 게 아버지의 주업이었는데, 어른 기준으로도 일고여덟 아름 가까이 되는 꽤 큰 통들을 만들었다. 늘 일거리가 있었고 주문이 넘쳐났다. 아버지는 수금하러 다닐 수 없을 정도로 바빴다. 큰누나와 큰형은 중학교 1학년 때부터 시외버스를 타고 가서 금산, 공주, 청주 등지에 있는 양조장 사장을 만났다. 어린애들이 착하다며 양조장 사장이 사줬다는 우동 맛을 큰누나는 지금도 가끔 이야기하거니와, 그렇게 통 값을 수금해서 복대로 배에 두르고 다시 버스를 타고 집에 오면 10시가 넘었다고 추억에 젖은 목소리로 말했다.

　내가 태어나고 초등학교를 다니던 그 시절이 아마 아버지의 화양

연가였던 모양이다. 하루 일이 끝난 아버지를 졸라 센베이 과자를 사서 온 가족이 오도독거리며 먹곤 했다. 라디오에서는 드라마 '청실홍실'이 한참이었고, 아버지는 너희에게 용돈 주는 게 기쁨이라며 호탕하게 웃었다. 탕탕하고 거칠 것 없던 시절이었다.

사업이 잘되기도 했지만, 근검절약이 몸에 배고 워낙에 성실했던 부모님 덕분에, 그리고 당신들이 배우지 못한 설움을 어떻게든 대물림하지 않겠다는 결심 때문에, 육남매가 모두 대학교를 마칠 수 있었다. 지금 생각하면 정말 대단하다는 말밖에 할 수가 없다. 특히 딸 셋을 모두 대학까지 가르친다는 것은, 당시로선 정말 드문 일이 아닐 수 없었다. 남들은 비록 한 사장이라 불렀지만, 결국엔 통 만드는 노동자가 아니었던가. 나 역시 명색이 한의사라지만, 자식 여섯을 모두 대학에 보내고 그 뒷바라지를 한다고 생각하면 눈앞이 캄캄해질 따름이다. 일자무식으로 땡전 한 푼 물려받은 것 없이 그야말로 맨주먹 하나만 불끈 쥐고 대처로 나온 부모님께서, 여섯 남매를 키우고 입히고 대학까지 가르친 것을 기적이 아니고 무어라 달리 부르겠는가.

존경받고 싶은 아버지, 인정받고 싶은 아들

하지만 돌이켜 생각해보면 아픔도 있었다. 내 문제만 말해보자면,

아버지가 나에게 나름의 기대를 걸었다가 그 기대만큼 성적이 나오지 않자 그만 포기를 하고 만 것일 게다. 게다가 아버지는 상심한 마음을 굳이 감추려 하지도 않았다.

"넌 어떻게 어려선 뭐가 될 것도 같더니, 커가면서 이렇게 모자란 꼴이냐."

가끔 나에게 하신 말씀인데, 어린 마음에도 그 말을 들을 때마다 깊은 상처를 입었다. 강직하고 무서웠던 아버지, 그런 아버지에게 인정을 받고 싶었던 내 마음이 어려서부터 무참히 꺾여버린 셈이다.

돌이켜 생각하면 당신은 자식들에게 사랑을 받기보다는 존경받고 싶었던 마음이 더 컸던 것 같다. 당신이 지낸 어린 날과 청년 시절을 생각해보면 당연한 일일 수도 있다. 길 위에서 생활하면서 얼마나 많은 수모와 분노가 쌓였을 것인가. 그런 모멸감의 반작용으로 자식들에겐 절대적인 복종을 원하셨던 것이 아니었을까. 그래서 조금만 잘못해도 무섭게 혼을 내고 매를 들지 않았을까. 돌아가신 지 한참이 지나 당신에게 여쭐 수도 없는 일이고, 그저 그렇게 짐작만 해보는 것이지만, 내가 어릴 적 아버님은 무섭고 또 두렵기만 한 분이었다.

세상의 모든 아들은 아버지에게 인정을 받음으로써 아버지를 넘어선다. 동아시아 문화권에서는 일찍이 '아버지를 이긴다(勝於父)'는 것이 대단한 칭찬이었다. 서양은 어떨까.

성경에 나오는 비유처럼 아버지가 활이요, 자식은 화살이다. 활이 책은 할아버지와 아버지와 아들의 이야기를 아버지가 쓴 것이다. 초고를 완성한 아버지가 원고를 이 책의 주인공이라고 할 아들에게 보여주었다. 그리고 아들에게 물었다. 아버지의 기억과 아들의 기억에는 편차가 있었다. 아들의 대답이 아버지를 실망시키지는 않았으나, 아버지 눈가는 축축해졌다. 이 책의 기조가 아버지의 자책과 반성, 아버지 역할에 대한 재고라면, 아들은 아버지의 강압적 훈육에 크게 주눅 들었으나 담담하게 이겨냈다. 아버지는 책읽기, 한약 처방, 아버지와의 관계개선 등이 성적 향상의 주요 요인일 것이라고 진단했지만, 아들은 책읽기만 동의했다. 나머지는 간접적 요인일 뿐이라는 것. 그러나 감출 수 없는 것은 아들의 책읽기가 아버지, 어머니, 형 등 가족구성원의 책 읽는 환경에서 비롯되었다는 사실이다. 아들은 화목한 가정환경이 공부하는 데 중요한 요인이 된다고 말했다. 고등학교 때부터 아버지와의 관계가 매우 좋아졌음도 부인하지 않았다. 그러나 속 깊은 대화를 나누기에는 아직 시간이 필요할 것이라고, 자기가 좀 더 성장해야 할 것이라고 했다. 모두 15개의 질문에 대해 아들은 편지 형식으로 답했다. 책 중간 중간에 아들의 편지를 넣었다. 부모가 자식의 마음을 다 알 수는 없는 법이다. 자식도 부모의 마음을 다 알지는 못한다. 그러나 이 가족은 성실한 노력으로 서로를 이해하기 시작했다. -편집자

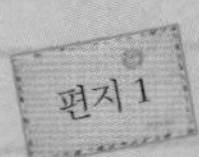

책 제목을 같이 생각해볼까?

아빠: 제목은 어떻게 하면 좋을까? 같이 생각해볼까?

아들: 으음…… 이 질문은 정말로 전혀 생각해본 적이 없으니까 패스할게요.

과 화살은 한 쌍으로 붙어 다니지만, 활이 화살을 쏘아서 세상 밖으로 놓아 보내지 않으면 대관절 무엇을 보람으로 삼겠는가. 활시위의 팽팽한 긴장을 견디는 화살이 과녁에 정확하게 명중할 수 있는 것처럼, 아버지에게 인정을 받고 그 인정을 통해 충만해진 자신감을 가져야 올바른 인격이 만들어진다. 좁혀서 말하자면 사회성이 만들어진다.

바로 그 점에서 나는 너무 일찍 책 안으로 망명을 떠나 그 안에서 내 영지를 만든 탓에 아버지의 기대를 저버렸고, 그 대가로 아버지의 인정을 받지 못했다. 어쩌면 나는 공부에 열을 올리지 않는 것으로 아버지에게 소극적인 사보타주를 감행한 것일지도 모르겠다. 그저 어떤 책이고 책을 읽기만 하면 공부하는 것으로 생각했던 부모님이었다. 소설책을 읽으며 부모님 눈을 속였던 나는, 그렇게 아버지의 바람과 엇박자를 놓으며 아버지에게 저항했던 것이 아니었을까? 이제 와서는 알 수 없는 노릇이다. 아무튼 그렇게 변변찮은 나를 보면서 아버지는 실망감을 느꼈고, 나는 내가 공부를 하지 않았기 때문에 합당한 대접을 받은 것이었음에도 불구하고 좌절했다. 그리고 그 실망과 좌절은 이 책의 주인공이라 할 수빈이에게도 고스란히 전해졌다.

———

2장

어린 절도범,
'가막소'에 가다

● ● ●

가장된 무관심

대학 입시와 관련된 말 중에 할아버지의 경제력과 엄마의 정보력, 아버지의 무관심이 필수 3대 요소라는 말은 어쩌면 농담이 아닐지도 모른다. 엄마의 정보력이란 실로 대단한 것이어서, 학생 평소 성적이라면 기대할 수 없는 대학에 다양한 방법으로 합격하는 아이들이 생각보다 꽤 많았다. 그런 입학의 요령은 뛰어난 정보력과 높은 경제력을 갖출수록 현실이 되었다. 이런 상황에서 필수 3대 요소란, 아버지는 닥치고 돈을 벌어오고, 입시는 정보가 많은 엄마의 판단에 따르란 말처럼 들린다. 우리 사회의 서글픈 자화상이 아닐 수 없다.

나는 다른 의미에서 아버지의 무관심이 필요하다고 생각한다. 정확하게 말하자면 '가장된' 무관심이 필요하다. 가장된 무관심이란, 실제로는 깊은 관심과 주의를 기울여 아이를 지켜보고 있지만, 아이의 행동에 하나하나 비판과 충고를 가하려고 하지는 않는 것을 말한다. 다른 말로 바꾸면, '내버려두되 지켜보라'이다. 아이가 도움을 요청하면 기꺼이 알려주되, 그전까지는 서툴고 힘들어도 아이가 직접 해보면서 느끼도록 하는 것이 대표적인 '내버려두되 지켜보는' 양육법이라고 생각한다.

　부모는 서로 맡아서 키워줘야 할 것이 다르다. 아버지는 아이에게 사회성을 길러줘야 하고, 어머니는 아이의 자존감을 키워줘야 한다. 자존감은 인정을 받고 칭찬을 들으며 길러진다. 나는 아주 소중한 사람이라는 자각이 자존감의 출발이다. 이런 자존감은 일상생활에서 더 자주 만나는 엄마를 통해 길러지는 게 자연스럽다. 그러니 엄마는 아이들에게 네가 왜 사랑스러운지, 왜 이 일을 해서 엄마가 자랑스러운지를 끊임없이 말해줘야 한다. 아이가 만든 찰흙 모형은 언제나 가장 근사한 작품이고, 아이의 말은 언제나 가장 멋진 시어詩語다. 그걸 발견하고 칭찬하는 사람은 엄마다. 그렇게 엄마에게 고양되어 스스로 소중한 존재라고 느끼는 아이는 자기에게도 남에게도 소중하고 귀하게 대하기 마련이다.
　사회성은 타인을 배려하기 위해 자기 욕망을 제어하는 능력이다. 쉽게 말해서 참을성이 강한 아이가 사회성 좋은 사람으로 성장한다. 사람 인人이란 글자에 대한 해석은 여러 가지가 있는데, 나는 두 사람이 서로 기대어 있다는 해석을 좋아한다. 사람이란 그야말로 태어나면서부터 사회적 존재로 살아간다. 나만 생각하는 이기적인 인간이 환영받지 못하는 이유는, 그렇게 살면 사회가 유지될 수 없기 때문이다. 따라서 타인을 배려하고 돕는 것이 실제로는 나를 돕고 나를 높이는 행동이 된다.

아이는 훈계와 체벌로 가르칠 수 없다

어릴 때부터 다른 사람을 배려하고 함께 어울리는 사람으로 자라도록 키워야 하는데, 이때 게임에는 규칙이 있고 그 규칙을 지키지 않으면 벌을 받는다는 것을 가르쳐야 한다. 바로 아버지가. 그래서 아버지가 아이와 친구처럼 지내야 한다는 당위가 성립한다. 아이는 놀이를 통해서 배우지, 훈계와 체벌로 배우지 않는다. '매를 아끼면 아이를 망친다(Spare the rod, and spoil the child)'는 고약한 속담이 있지만, 마소도 매를 맞으면 울면서 저항하는데, 어찌 아이에게 매로 때려서 규율을 가르칠 것인가. 그래서 아버지는 아이에게 사회성이 생기기 시작하는 네 살에서 일곱 살 정도의 시기에 아이의 가장 좋은 친구가 되어줘야 한다. 그 시기에 아버지로부터 바르게 규칙을 지키는 법을 배운 아이는 누구에게나 환영받는 멋진 사회성을 갖게 된다. 다만 그 규칙은 은연중에 스며들듯 가르쳐야 한다. 윽박지르지 말고 자연스럽게 아이가 받아들이게 해야 한다. 앞서 말한

엄한 아버지는 아이를 주눅 들게 했다. 누구나 어려서는 슈퍼맨이 건만, 나는 아이에게 크립톤 운석이었다. 하지만 아이는 책읽기를 통해서 힘들고 어려웠던 시기를 이기고, 기어이 나를 넘어섰다. 엄마가 만들어준 슈퍼맨 망토를 입은 네 살 때 수빈이.

대로 아이의 실수나 잘못을 당장 바로잡기보다 스스로 깨닫고 고치
도록 기다려줄 줄 알아야 한다. 그것이 바로 '가장된 무관심'이다.

엄부자모嚴父慈母 엄친자당嚴親慈堂이란 말은 괜히 나온 게 아
니다. 아버지는 자식에게 엄한 구석이 있어야 한다. 그러나 그 엄함
은 본인이 규칙을 솔선수범하고 아이에게 모범을 보임으로써 자연
스럽게 세워지는 것이지, 아이를 지배하고 소유하며 군림함으로써
만들어지는 권위가 아니다. 안타깝게도 일부 가정에선 아버지니까
권위가 그냥 생기는 줄 아는 철부지 아빠가 아직도 있는 것 같다.
고백하자면, 나도 그랬다. 더 솔직히 말하자면, 지금까지도 그런 마
음을 완전히 버리지 못하고 있다.

어려서부터 아이들은 무조건 내 말을 따라야 했고, 그 근거는 나
자신이었다. 내가 이렇게 말하면 이렇게, 저렇게 말하면 저렇게 지
켜져야 하는 걸로 알았다. 그런 모든 착각과 엉망진창인 교육법은
온전히 내 부족함과 불민함 탓이지만, 어려서 겪었던 두 가지 경험
도 작용했다.

아버지는 무서운 분이셨고, 그래서 나는 아버지에게 반항했으며,
나아가서는 내 아이들에게 더한 폭력을 행사하는 나쁜 아버지가 됐
다. 물론 모든 잘못은 전적으로 내가 부족한 까닭이다. 돌아가신 선
친께 책임을 돌리고 싶은 게 아니다. 다만 내가 어떤 때 과하게 화
를 내고, 아이들에게 규율을 지나치게 강조한 것이 어릴 적의 상처
와 다소간 연관이 있기는 할 것이다.

아빠: 넌 중학교 3학년을 마칠 때까지는 성적이 그다지 좋은 편이 아니었지. 보통 이하라고 봐야 맞을 거야. 그런데 고등학교 올라가서 상당히 우수한 학생이 되더니, 고3 무렵에는 최상위권이 됐고, 결국 수능에서도 0.3% 안의 고득점을 올렸어. 과연 왜 그랬다고 생각하니? 우린 그저 네가 열심히 해서 그랬다고 생각했고, 아빠는 원인을 세 가지로 정리해봤는데(어릴 때부터의 독서, 한약, 아빠와의 관계정상화) 수빈이는 뭐라고 생각하는지?

아들: 키워드로 말하자면 '독서', '흥미', '흐름', '체력'이라고 생각해요. 사실 아버지랑 관계가 좋아진 거는 직접적이기보다는 간접적인 배경이라고 생각해요.

가정이 화목한 거는 분명 공부하기에 적합한 환경이 맞아요. 부모님이랑 사이가 나쁘고, 부모님끼리도 사이가 안 좋으면 공부고 뭐고 손에 안 잡히죠. 아버지랑 관계가 좋아졌다고는 하지만 항상 좋지는 않았잖아요? 제가 잘못할 때도 몇 번 있었고, 부모님끼리도 사이가 항상 좋으셨던 건 아니고. 그런 날에는 공부가 정말 안 되더라고요. 아니 공부가 뭐예요. 그냥 마음 심란해서 아무것도 제대로 안 됐는데. 그런 걸 생각해보면 공부를 할 수 있는 환경이 중요해요.

학습 환경은 비단 학교, 학원뿐 아니라 가정도 학습 환경이거든요. 저는 집에서 공부를 하는 성실한 학생은 아니었지만, 그런 날이면 공부가 어디서든 잘 안 되니까요. 그러니까, 관

군말이 길어졌다. 아버지는 의도된 무관심을 아이에게 보여야 한
다는 말까지 했다. 실제로 아버지가 아이에게 무관심해서야 그 아
이가 제대로 자랄 리가 있겠는가. 나는 아버지가 아이에게 사랑과
인내심을 갖고 적절하게 격려해줄 때, 아이의 대학입시도 성공한다
는 말을 하고 싶어서 이 글을 쓰고 있는 것이다. 나와 수빈이도 적
절하지 못한 부자 관계 때문에 파국을 맞을 뻔했다가 가까스로 회
복된 경우이기 때문에, 다른 아버지들은 제발 나처럼 못난 꼴을 보
여주지 말고 좋은 아버지-자식 관계를 유지하시기 바라는 마음에
서, 내 부끄러운 이야기를 꺼내는 중이다. 지루하시겠지만 다시 내
유년 시절로 돌아가 보자.

아버지가 두렵고 무서운 분이셨다는 말은 여러 번 했다. 그리고
그 두려움은 다음의 기억으로 극대화되었다. 코흘리개 어린아이라
도 돈 쓸 일은 너무나 많았다. 딱지도 사고 싶고, 만화도 봐야겠고,

눈깔사탕도 먹고 싶었다. 하지만 돈이 없었다. 어머니 친구 분이라
도 놀러 오시면 괜히 엄마 치맛자락을 붙잡고 십 원만, 십 원만 칭
얼거리다가 등짝을 호되게 얻어맞거나, 어쩌다 그 십 원을 손에 쥐
게 되면 신이 나서 동네 점방으로 달려가던 내 모습이 선연하게 떠
오른다.

운동화 사달라고 고무신을 찢다

참말이지 가난이 너무나 흔했던 시절이었다. 나는 초등학교 4학년
때까지 고무신을 신고 다녔다. 고무신이란 신발은 일단 얇고 잘 벗
겨져서 달리기를 할 때나 운동장에서 뛰어놀 때 몹시 불편하고, 여
름이면 발 냄새가 심하며 겨울에는 얼어붙은 대지의 찬 기운을 전
혀 막아주지 못하는, 그런 물건이었다. 단 하나, 내구성만큼은 기가
막혔다. 아이들이 좀 잘 크는가. 어쩌다 형 옷을 물려 입지 않고 추
석빔이나 설빔으로 새 옷을 한 벌 얻어 입으면 으레 두 번은 소매를
접고 다녀야 할 만큼 치수가 큼에도 1~2년만 지나면 옷이 작아지고
만다. 신발도 그랬다. 여섯이나 되는 아이를 키우면서, 당신들의 어
릴 적엔 당연히 짚신을 신고 다녔던 부모님들은, 제 발보다 한 치수
큰 검정고무신도 마땅히 감지덕지해야 할 물건이라고 확신하셨을
것이다.

하지만 내 생각은 달랐다. 게다가 얼마나 잘 먹는지 볼때기 살이

통통하게 오르고 일부러 느릿느릿하게 말꼬리를 빼던 성배 녀석이 새로 산 진짜 축구공을 갖고 학교에 온 뒤로는, 고무신은 저주의 대상이 아닐 수 없었다. 그전까지는 그래도 말랑말랑한 고무공으로 축구를 해서 고무신을 신고 공을 차도 괜찮았지만, 이 가죽 축구공은 너무 딱딱해서 고무신을 신고 찰 수가 없었다. 나도 정말 운동화를 신어야만 하는 합당한, 하지만 어른들 기준으론 전혀 얼토당토 않은 이유가 생기고 만 것이다.

4학년 가을 운동회가 끝난 다음 주말 오후, 나는 용단을 내려 도루코 면도칼로 고무신 뒤축을 동전만 하게 도려냈다. 그리고 시멘트 바닥에 쭈그리고 앉아 팔이 떨어져 나가도록 고무신을 문댔다. 한쪽만 도려내면 표시가 날까 봐 두 짝 다 오려내고 바닥에 문대느라 두 시간은 좋이 걸렸다. 이만하면 괜찮을 것 같았다. 난 집에 가서 어머니에게 이렇게 구멍이 났으니 운동화를 사달라고 밑창을 도려낸 고무신을 우물쭈물 내밀었다.

어린애 잔꾀를 어른이 보면 모를까. 난 당장에 집안 말아먹을 놈으로 찍혔고, 일단 어머니에게 빗자루 몽둥이로 흠씬 두들겨 맞았으며, 저녁밥을 몰수당했고, 저녁을 드시고 난 아버지가 다리가 부러져라 초달을 했다. 양 손아귀 한가득 싸리나무를 꺾어 사랑방으로 들어갈 때의 그 살 떨리는 심정을, 겪어보지 않은 사람은 모른다. 죄를 자복하고 종아리를 맞다가 일장연설을 듣고, 다시 종아리를 맞는 길고 고통스러운 시간이 흘렀다. 저녁밥도 못 얻어먹어 주린 배가 너무 고팠지만, 회초리를 잔뜩 맞은 종아리는 터질 듯 부풀어, 눕자니 맞은 데가 너무 아파서 옆으로 비스듬히 엎어져 훌쩍대다가, 나는 까무룩 잠이 들었다. 그리고 다음 날 아침 내 머리맡엔 왕자표 운동화 한 켤레가 놓여 있었다. 하늘에 오른 것처럼 기뻤다. 거짓말이 아니라 일주일 동안 아까워서 신지도 못하고 구멍 낸 고무신을 신고 다녔다. 지방도시라지만 어엿한 도청 소재지임에도 불구하고 1972년 대전 변두리 마을에서는 이런 가난이 너무나 흔해서, 발에 채일 정도였다. 그리고 사실 그보다 훨씬 전에 나는 집안 말아먹을 놈이 확실한 짓을 이미 한차례 저질렀고, 그 일로 내 인생에서 절대로 지워지지 않을 트라우마를 얻었다.

어린 절도범, '가막소'에 가다

정확하지는 않지만 아마도 초등학교에 들어간 그해였을 것이다. 만화가 너무 보고 싶었지만, 주머니에 돈이 없었다. 그리고 안방 화장대 위에서는 커다란 돼지 한 마리가 동전을 잔뜩 먹어치우고 거만한 얼굴로 나를 비웃고 있었다. 어떻게 끝날지 앞뒤 구분할 정신이 없었던, 그러니까 만화와 딱지와 눈깔사탕에 취해 심신미약 상태가 된 나는 돼지 배를 조금 쨌다. 동전이 절그럭거리는 소리는 왜 그렇게 크게 나는지 심장이 터질 것만 같았다.

얼마 뒤 나는 세상에서 가장 행복한 아이가 되어 만화방에 죽치

고 앉아 있었다. 본 만화를 보고 또 보고, 6시에 틀어주는 〈우주소
년 아톰〉까지 보고 나자, 더 만화방에 있을 수가 없어 터덜터덜 집
으로 돌아왔다. 집으로 가는 골목길이 어찌나 어둡고 무섭던지 나
는 그만 도망을 갈까 싶었다.

　예상대로 집안은 완전히 꽁꽁 얼어붙어 있었다. 동생 하나 제대
로 가르치지 못한 형 누나들은 내가 오기 이전에 이미 아버지에게
있는 대로 혼이 난 터였고, 이 어린 도적놈은 긴급 체포된 뒤, 도주
를 막고자 옷이 홀딱 벗겨진 채, 아버지가 만들던 큰 통 안에 감금
되었다. 두렵고 무서운 시간이 길게 흘렀다. 미국에서 건너온 소나
무(미송이라 불렀다)나 인도네시아, 필리핀 등에서 건너온 나왕으로
만든 나무통은 크고 깊었다.

　나는 발가벗었다는 부끄러움과 배고픔과 추위 속에서 꽁꽁 얼어
붙었다. 대체 얼마나 시간이 지났을까. 옷가지가 던져졌고 옷을 입
으란 아버지 목소리가 들렸다. 그리고 난 바깥으로 꺼내져 아버지
의 억센 손에 붙들린 채로 시내버스를 탔다. 산내에서 출발해 인동
을 거쳐 대전역을 지나 지금은 아파트촌이 된 중촌동 형무소(어른들
은 모두 '가막소'라고 불렀다)로 가는 버스 안에서 아버지는 단 한 마디
도 입을 떼지 않으셨다.

　아버지의 침묵이 무슨 의미인지 너무나 잘 알고 있었던 나는, 버
스 안에서 존재가 가루가 될 때까지 자신을 자책했다. 하지만 되돌
릴 수는 없었다. 아무리 속으로 반성을 하고 나 자신을 책망해봐도

돌이킬 수 없었다. 덜컹거리는 버스 안에서 나는 비참하고 두렵고 그만 스스로 목을 졸라 죽고만 싶었다.

형무소 앞은 불빛이 전혀 없었다. 버스에서 내려 형무소 앞까지 나를 질질 끌고 간 아버지는, 문 앞을 지키고 있던 교도관에게 말씀하셨다.

"여기 도둑놈을 하나 데려왔으니 잡아 가두시오."

아, 그때의 절망감을 뭐라고 설명할 것인가. 그 높은 담벼락과 그보다 더 높이 솟은 망루에 검게 실루엣으로 서 있던 교도관들은 마치 악마처럼 보였다. 경비를 서다 일이 어떻게 돌아가는지 금방 알아챈 교도관이 장난처럼 나에게 이리 오라고 손짓을 했고, 나는 땅바닥을 구르면서 잘못을 빌었다.

"아부지, 다시는 안 그럴게요. 제발 한 번만 용서해주세요."

나는 정말 땅바닥을 데굴데굴 구르면서 손이 발이 되도록 빌었다. 심장이 목구멍에서 튀어나오는 것만 같았다.

잘못을 만회할 기회는 쉽게 오지 않는다

내가 지금까지 돈(특히 공금) 문제를 선명하게 처리하고자 하는 강박적 습관은 그때의 공포 탓이 분명하다. 나는 사실 온화한 성격은 아니다. 하지만 특히 돈 문제에서 나름대로 처리를 잘했는데도 뭔가 오해를 받을 상황이라는 판단이 들면, 나는 살짝 미친놈이 된다. 정상적인 반응을 보이지 못하고 글자 그대로 발광을 한다. 내 아내는 그런 나를 알기 때문에 돈 이야기를 잘 꺼내지 않을 정도다. 지금까지 '돈'이란 단어는 나에겐 가장 강력한 금기어禁忌語다. 그런 내 성정을 모르기 때문에 불필요한 오해가 쌓여서 인연이 끊어진 사람이 있을 정도다. 이런 못난 짓이 고쳐질 가능성은 별로 없지만, 아무튼 돈 문제에서만큼은 절대로 오해받고 싶지 않다.

이상의 두 사건이 나에게 뿌리 깊은 상처로 남아 있다. 그리고 어리지만 흉측한 도적이자 집안 말아먹을 녀석인 나는, 잘못을 만회할 변변한 반전의 계기도 만들지 못하고 그대로 성장했다.

여섯 남매 키우는 집에는 늘 이런저런 일들이 일어날 수밖에 없고, 결정적으로 원래 몸이 약하셨던 어머님의 건강이 내가 중2학년생일 때 몹시 나빠지셨는데, 결국 고3이 되던 해에 돌아가시고 말았다. 집안의 우환이자 철부지인 막둥이는 어머님 살아생전에 단한 번도 좋은 모습을 보여드리지 못했고, 37년간 한결같이 헌신적이었던 아내를 잃은 아버지는 완전히 낙담했다. 내가 대학에 들어갔을 때나 박사 학위를 받았을 때도, 아버지는 유쾌히 웃지 않았다. 나는 막내로 자라 마지막까지 부모님의 등골을 우려냈음에도 불구하고, 좋은 기억 하나 드리지 못하는 불효자 팔자인 모양이다.

——

3장

삭발 투혼,
공부를 해치우다

'똥모자'를 쓰다

앞에서 말한 두 가지 일화 말고도 내가 저지른 악행이 어디 하나둘이었겠는가. 그래도 아버지는 무섭고 두렵고 떨리는 분이란 사실이 각인되는 것은, 그 두 가지만으로도 충분했다. 당신이 나에게 원한 것도 딱 두 가지였다.

'바르게 살아라.'

'학생은 공부를 해야 한다.'

바르게 사는 거야 돼지 배만 찢지 않으면 될 일이고, 사실 다시는 돼지 배를 탐하지 않았지만, 공부를 잘하란 말씀은 지키기 힘들었다. 내 머리가 아둔했던 탓도 있을 것이고, 공부해서 좋은 성적을 받기 이전에 책읽기에 너무 깊숙이 빠져든 탓이기도 했다. 공부를 아주 잘하지는 못했지만, 아무튼 볼 때마다 책을 읽고 있는 아이를, 무학이신 부모님들은 공부하는 걸로 오해를 하셨던 모양이다. 책 그만 읽고 공부하란 말씀은 없었다. 그러니 성적이 올라갈 까닭이 없었다. 내 성적표를 보면서 아버지가 한숨처럼 토해내는 실망감은 어린 나에게도 고스란히 전해졌다. 아버지의 책망을 들으면서 나는 어쩌면 반항처럼 더욱 책읽기에 몰두했는지도 모르겠다. 아버지의 한숨이 깊어질수록 내 말수도 없어졌다.

움켜쥔 손아귀에서 빠져나가는 모래처럼 시간이 흘렀다. 초등학교를 마치고 중학교에 들어갔지만, 여전히 공부는 하지 않았다. 그러니 고등학교 입시에서 미역국을 먹는 건 당연한 일이었다. 내가 사는 대전은 1979년부터 고교평준화 제도가 실시되었으므로, 1978년 2월에 중학교를 졸업한 나는 비평준화로 입학시험을 치러야 하는 고교선발제 마지막 학년이었는데, 전후기에 모두 떨어지자 재수를 하지 않을 도리가 없었다. 친구들이 높을 고高가 새겨진 배지를 달고 고등학생이 되어 시내를 활보하고 다닐 때, 나는 노란색 학원 '똥모자'를 쓰고 재수학원에 다녔다.

열여섯을 아는가. 버스 안에서 방귀만 뀌어도 목을 매달고 싶어지는 그 나이에, 친구들은 고등학교 교복을 입고 학교에 가는 그 시간에, 나는 학원 가는 25번 버스를 탔다. 버스 안의 모든 승객이 한심한 재수생 녀석이라고 날 비웃는 것 같았다. 학원은 역전 근처 중동 집창촌과 붙어 있었다. 아침이면 전날 취객들이 뱉어놓은 토사물을 피해 겅중겅중 걸어야 했고, 밤이 되면 벌써 현역에서 은퇴했어야 했을 늙은 창부가 내 소매를 끌면서 "싸게 해줄게." 하고 말을 걸어왔다. 그때 나는 단테의 《신곡》을 읽고 있었던가? 도스토옙스키의 《카라마조프가의 형제들》을 읽고 있었던가. 아무튼 소설 속의 생지옥을 매일같이 봐야만 했다.

책의 세계에서 문학의 세계로

그 경험은 나에게 재수란 절대로 다시 할 게 못 된다는 강력한 자각을 불어넣었고, 그래서 나는 대학 입시에서 전기에 떨어지고 나서, 온 집안 식구들이 일치단결해서 지지했던 한의대에 진학하였다. 나는 정말 재수가 싫었다. 인생이란 참말이지 알 수 없는 방향으로 흘러간다. 재수를 미리 경험했느냐가 한 사람의 직업을 결정하기도 하니 말이다.

아무튼 그 시간이 지난 뒤 고등학교를 추첨으로 들어간 나는 문학이란 탈출구를 찾아 극적으로 망명을 떠났다. 재수생활 즈음에, '나는 누구인가'란 느닷없는 질문을 받아든 나는, '나는 나'란 볼품없는 답변으로 내 실존에 대해 정의했고, 그 정의는 몹시 기이하고 해괴하게도 상당히 데카당스한 결론을 이끌어냈다. 겉보기엔 멀쩡

'똥모자'의 재수생활을 거쳐 대전지역 고교평준화 첫 세대로 고등학교에
입학한 나는 문학의 세계로 망명했다. 군사정권이 광주로 진군했던 1980년
그해, 고등학교 2학년이던 내가 문학의 밤 행사에서 시낭송을 하고 있다.

　책읽기와 체력이 성적 향상의 비결이에요

아빠: 책읽기가 공부하는 데 어떤 도움이 되었는지 구체적으로 설명
해줄래?

아들: 그러면 공부 이야기를 해볼까요? 다시 뒤에 설명하겠지만 저
는 독서 기반이 넓어요. 문학도, 비문학도 가리지 않고 읽었으
니까요. 중학교 공부에는 독서가 별로 도움이 안 돼요(뭐 개인
적인 의견이지만). 시험이 내신이잖아요? 내가 배운 '좁은 부
분'을 집중적으로 출제하는 시험. 독서는 그 부분을 꼭 읽었
을 거란 보장을 전혀 하지 않거든요.

책을 읽은 거에서 나오는 힘은 고등학교 때, 특히 모의고사
때 발휘돼요. 모의고사의 시험 형식은 내신이랑은 많이 다르
죠. 문제범위도 전 범위(수학 제외)고, 문제 형식도 새롭고.
책을 읽는 것의 장점은 '흥미'와 '끈기'와 '이해'와 '배경지
식'이 강해진다는 것이죠.

이 '이해'는 모의고사에서 국어, 영어 교과목에 도움이 많이
돼요. 전혀 새로운 지문을, 특히 비문학(독서)을 대강 알아들
으면서 읽을 수 있거든요. 영어도 그래요. 고등학교 모의고사
영어 지문들은 출처가 생소한 때가 많거든요.

그리고 독서의 '이해'는 영어의 독해에도 확장되어서 사용돼
요. 읽어본 게 많으니까 문장이나 단어를 다 몰라도 어감으로
이해하면서 풀 수 있거든요. 그리고 사회탐구에도 쓰이는데,
여기서 쓰이는 건 배경지식 쪽인 거 같아요.

책을 읽다 보면 사회 교과(이과 계열은 과학 교과겠죠?)에 쓸

만한 지식을 많이 얻거든요. '흥미'랑 '끈기'는 전 교과목에 적용되는 부분이에요. '흥미'는 내가 공부를 할 동기를 만들어주는 데 일조하죠. 이건 주로 탐구에 많이 쓰여요. 탐구는 국·영·수에 비해 지식을 쌓는 경향이 더 크다는 부분에서 내가 이걸 알고 싶은 욕구를 생기게 하죠.

아, 그런데 저 같은 경우는 흥미가 생긴 동기에 독서 말고도 성적이 있어요. 독서를 배경으로 삼아서 고등학교 1학년 3월 모의고사를 중학교 때에 비해 상당히 잘 봤죠. 중학교 3년 동안 평균점으로 보면 300명 중에 120등? 아마 그 정도였으니까. 그런데 고등학교 1학년 3월이 평균백분위 96.4니까 공부가 할 만하다는 생각이 들었죠. 더 잘하고 싶다는 욕심도 들고. 고등학교 1학년, 고등학교 2학년 때 꾸준한 걱정이 수학이었는데, 이때는 수학도 상당히 잘 봤어요. 중학교 때처럼의 점수가 아니라 81점이니까. (그 직후의 시험에서 70점, 52점을 찍으며 고등학교 3학년 초반까지 발목을 잡는 게 수학이었지만 이때는 잘 봤어요. 나온 수준이 중학교 수학이었거든요. 저는 중학교 3학년 겨울방학 때 예습보다 중학교 과정의 복습을 중심으로 해서 중학교 수학은 어느 정도 배경이 생겨서.)

한 번 욕심이 생기니까, 다음부터는 안 끊기더라고요. 애들이 시험 보고 나서 잘 봤다, 하는 경우가 거의 없거든요? 이게 실제로 잘 봤는데 말을 안 하는 것도 있는데, 애들이 보는 기준점이 자기 베스트 기록이라서 그래요. 시험 쉬울 때 잘 나올 수도 있고 한데, 기준이 그 점수로 굳어버려요. 이때 백분위가 잘 나왔으면 그걸로, 원점수가 잘 나왔으면 그걸로 기준을 삼아서 그것보다 못 봤으면 잘 봤다는 말이 안 나오는 경

우가 많거든요. 그거랑 같아요. 더 잘할 수 있다고 생각하면
의욕이 생기죠. 이게 '흐름'이에요.

저는 고등학교 생활 3년 동안 스무 번이 넘는 모의고사를 봤
는데, 거의 대부분의 성적이 상승곡선이었어요. 의욕이 생겨
서 공부를 하니까 성적이 나왔다, 그래서 그렇게 했다, 상당
히 간단한 이야기죠. 그런데 그게 가장 커요.

그런데 이 상승세를 꾸준히 타려면, 체력이 필요해요. 중학교
때는 게임하느라 몰랐는데 공부가 상당히 체력이 필요하더라
고요. 끈기 쪽은 독서를 통해서 충당할 수 있는데, 체력은 충
당이 안 돼요. 독서를 통해 쌓은 체력도 한계가 있고. 저는 그
나마 기본적으로 체력이 괜찮은 쪽에 속해서 고등학교 3학년
초반까지는 그냥 버텼고, 체력이 부족하다 싶으면 한약을 적
극적으로 먹었으니까요. 남자들 사이에서만 체력이 중요한
게 아니라 수험생들에게도 체력이 큰 역할을 해요.

하지만 혼자 담배를 피우고 소주를 마시는 날라리가 된 것이다. 유
일한 즐거움은 고등학교 2학년 때 입회한 문학동아리에 가서 선배
들이 사주는 소주를 마시면서 이야기를 나누는 것이었는데, 그 당
시 선배들의 독서는 융, 바슐라르, 에리히 프롬, 레비 스트로스, 프
레이저, 조셉 캠벨 등 신화에 깊이 기울어 있었고, 나 역시 그들을
따라 신화와 역사, 록 음악 속으로 빠져들었다. 비틀스를 처음 만났

고, 블랙 사바스를 좋아했으며, 퀸과 E.L.O를 들었다. 그러던 어느
날 툭, 하면서 어떤 끈이 떨어지는 것 같았고, 그때껏 내가 읽었던
모든 책이 시시해졌으며, 그로써 내 소년기는 끝이 났다.

　재수 때 이를 갈면서 공부를 한 덕에, 고등학교 1학년 시절엔 그
럭저럭 상위권 성적을 거뒀다. 그래서였나, 학도호국단 임원을 맡
기도 했다. 학교에서 나는 모범생이란 이런 것이다, 뽐내듯 살았지
만, 내 관심사는 언제나 문학동아리에 쏠려 있었다. 하지만 내가 창
작에 소질이 없다는 것은 금방 드러났다.

　내가 활동했던 문학동아리에는 나중에 90년대 한국 소설계의 주
역으로 활동한 소설가 윤대녕도 있었고(졸업은 하지 않았다), 나는 죽
었다 깨어나도 이런 시는 쓸 수 없겠다고 탄복한 시인도 이미 여럿
있었다. 심지어 내 후배들도 나보다 시를 잘 썼다. 문학평론가이자
문과대 교수가 된 선배도 두 분 계신다. 내가 7기이고, 내 위로 졸
업한 선배 동인들이 한 기수에 한두 명이 고작이란 점을 생각하면,
실로 괄목할 만한 수준 아닌가? 나는 재빨리 창작의 길을 포기했으
며, 좋은 독자도 필요하다고 스스로를 위로하며 매일을 즐거이 보
냈다. 아, 아름다웠던 옛날이여.

　문학동아리 생활은 정말 즐거웠다. 일단 말이 통하는 동인들이
있었고, 선배들의 독서 수준은 나를 압도했다. 노다지 어울려서 꼼
장어에 소주를 놓고 강은교에서 백기완까지 토론했다. 앞에서 말한

군사정권은 학교도 병영으로 만들어 학생회 대신 학도호국단을 운영했다. 군사교육을 받는 교련은 필수과목이었다. 사진은 학도호국단 임원들. 뒷줄 교련복 상의 벗은 학생이 나.

비엔나 심리학파에서 구조주의자들까지 들어 알게 됐고, 《전환시대의 논리》와 《우상과 이성》도 그때 읽었다. 고은과 미당이 왜 대단한 시인인지 알았고, 고리키의 《외투》와 도스토옙스키의 《죽음의 집의 기록》에 대한 새로운 해석에 전율했다. 그렇게 또 1년이 흐르자, 어느덧 고등학교 3학년이었다.

전교 240등에서 5등으로

고등학교 3학년에 올라가기 전 마지막 반 배치고사에서 난 아주 주목할 만한(?) 성적을 올렸다. 62명이었던 반에서 47등, 300명 남짓 했던 문과 전체에서 240등. 성적표를 들고 집에 가자 당시 고등학교 교사로 일하던 큰형님이 진지하게 물었다.

"너, 대학 어디 갈래?"

난 아무 생각 없이 대답했다.

"C대학(지방 국립대)은 가겠죠."

순간 눈앞에 불이 번쩍 튀었다. 나와 열네 살이나 차이가 나는 까닭에 어려서 이후로 딱히 무어라 하지 않던 큰형이 내 귀싸대기를 힘차게 올려붙인 것이었다.

"C대? M대(지방 사립대)도 못 간다, 이 자식아."

사실 고등학교 2학년 내내 책 한 자 들여다보지 않은 걸 생각하면 당연한 결과였다.

그게 2월 중순. 3월이 되어 3학년에 올라가자 담임선생님은 3월 22일에 모의고사가 있노라 예고하시곤, 그 시험에서 200점 이상을 맞으면, 서울에 있는 대학에 갈 수 있다고 말씀하셨다. 귀가 번쩍 뜨였다. 그나마 좀 나았던 국어, 도무지 가망이 없던 수학, 성적이 나왔다 안 나왔다 하던 영어를 제치면, 국어 고문을 포함해서 암기 과목 10과목이 남는다. 나는 20일 동안 암기 10과목에 도전해보기로 했다. 우리 때는 학력고사 총점이 340점이었고, 그중 체력장이

20점이었다. 그렇다면 나머지가 320점이 되는데, 까짓 200점을 못 맞을까? 200점만 넘으면 서울에 있는 대학을 갈 수 있다지 않은가. 이상하게 동기부여가 됐다.

하루를 꼬박 새고, 다음 날엔 두 시간을 자는 시험공부가 시작됐다. 20일 동안 내가 등을 땅에 대고 잔 시간도 20시간이었다. 내 평생에 그렇게 열심히 공부해본 적은 전에도 없었고, 앞으로도 없으리라. 버스 타고 등·하교할 때, 쉬는 시간, 밥 먹고 나서는 무조건 엎드려 잤다. 그리고 미리 예고된 진도까지 참고서를 들입다 외웠다. 그 수밖에 없었다. 공부의 기본이 안 되어 있었기 때문에, 문제를 풀자면 중요한 모든 것을 외워야 했다. 하지만 수업 시간만큼은 눈을 부릅뜨고 강의를 들었다. 3월 22일 모의고사가 아무리 중요해도, 수업을 듣지 않고 대체 무슨 결과가 나올까 싶었다. 그러니까 수학 시간에 영어 풀고, 생물 시간에 영어 들여다보지 않았다. 수업은 수업대로, 자습은 자습대로 진도를 나갔다.

3월 22일 시험을 치르고 나니, 믿을 수 없는 성적이 나왔다. 불과 한 달 전에 분명히 반에서 47등, 문과에서 240등이던 내가, 반에선 2등, 문과 전체에서 5등을 한 것이다. 200점도 물론 넘었고, 50등까지 이름을 적어 교무실 옆에 내걸었던 방에도 붙었다. 점수표를 나눠주던 담임선생님도 놀라기는 마찬가지.

"한일수가 누구야, 일어나 봐."

고작 20일 만에 나는 폭포 아래에서 놀다 용문으로 날아오른 잉

어가 된 기분이었다. 지금으로부터 30년도 더 전의 일이니 가능했
겠지만, 내 한계를 잊고 무섭게 달려들기만 한다면, 지금이라고 불
가능한 이야기는 아닐 것이라고 믿는다.

삭발투혼, 공부를 해치우다

공부하면 성적이 오른다는 평범한 진리를 깨달은 나는 그 뒤로 6개
월가량 공부에 몰입했다. 머리를 박박 깎고는, 가장 먼저 등교해서
가장 늦게 하교했다. 선생님이 도서관 열쇠를 주셨다. 나는 교실 제
일 앞자리에 앉아 1분 1초도 헛되이 하지 않고 공부를 파고 또 팠
다. 그렇게 사랑하고 좋아하던 문학동아리 활동도 잊었다. 내 앞에
는 외워야 할 어마어마한 양의 공부가 쌓여 있었고, 나는 착실히 그
공부를 해치우기 시작했다. 날마다 코피가 터졌다. 고개를 숙이면
코피가 흘러내리는 느낌이 들어, 고개를 뒤로 젖힌 채로 수돗가로
달려가는 일이 하루에도 몇 번씩 되풀이됐다. 6월 초쯤 되자 피오
줌까지 나왔다. 별일 아니라고 생각했다. 솔직히 말하라면 차라리
기뻤다. 이 정도는 해야 그간 내가 허랑하게 보냈던 시간에 미안함
을 덜 수 있을 정도로 난 공부와 담을 쌓고 살았기 때문에.

　나는 학교 교사, 정확하게 말하면 고등학교 국어선생이 되고 싶
었지만, 우여곡절 끝에 한의대에 진학했다. 학력고사 성적이 참 애

매했다. 전기에서 서울대에 응시했지만 보기 좋게 떨어지고 나자, 후기에서는 집안에서 추천하는 한의대를 가는 것 말고는 선택의 여지가 없었다. 나는 문과였고, 국문과 말고 다른 과는 한 번도 생각해본 적이 없었다. 그런데 한의대라니. 시험이 끝나고 긴 겨울이 다 지나도록 내 마음속엔 에밀리 브론테의 《워더링 하이츠》가 서 있는 요크셔 언덕의 황량한 바람이 불었고, 나는 소주에 젖어 비틀거리며 내 너덜너덜한 청소년기를 마감했다.

아, 종범아

대학생활은 딱 세 단어로 요약할 수 있다. 학보사, 유급, 박종범. 한의과가 싫었던 나는 대학 학보사로 도망갔고, 거기서 3년을 지내면서 편집장까지 지냈다. 학과 수업 출석은 뒷전이었고, 학보사에서 죽치고 앉아 책 읽고 편집하고 기사를 썼다. 집에도 잘 들어가지 않았다. 학보사 구석에 쿠커를 놓고 라면을 끓이고 교내 식당에서 퍼준 김치를 찢어 소주를 마셨다. 기형도가 플라톤을 읽은 곳은 도서관 돌계단이었지만, 그가 들은 것은 총소리였지만, 나는 라면에 김치를 씹으면서 소주를 마셨다. 리영희와 막스 베버, 김현과 융, 중국혁명과 모택동 사상, 브루스 커밍스 따위를 되는 대로 읽었다. 아무 소리도 들리지 않았다. 대학생인데 군사독재에 저항하는 어떤 행동도 하지 못하고 벌벌 떨면서 책이나 읽고 술이나 마시던 내게

한의대생으로는 처음으로 학보사 편집장을 맡았다. 시국에 대한 내 나름의 항의로 삭발을 해 까까머리를 하고 학교에 다녔다. 총학생회를 부활하자는 유인물을 뿌렸다고 편집장직에서 쫓겨나기 전 늦여름 편집장실에서. 결국 84년이 지나고 나는 유급을 당하고 말았다. 설상가상이요, 엎친 데 덮친 격이라 학교를 그만 둘까, 군대를 갈까 진지하게 고민했다. 한의사 하라는 팔자였는지 결국엔 수걱수걱 학교에 등록을 했지만.

어떤 것이 눈과 귀에 들어왔겠는가.

난 소위 80년대 초반 학번이다. 광주에서 수많은 사람이 죽었다는 흉흉한 소문이 공공연히 돌아다녔고, 나만 비겁하게 살아남았다는 부끄러움을 견딜 수가 없었다. 알던 친구들, 선후배들이 연달아 군대로 감옥으로 끌려갔다. 아무도 누구에게 무어라 할 수 없었다. 누구는 자기 몸에 신나를 부었고, 누구는 옥상에 올라가 꽃잎처럼 떨어져 내렸다. 숨 쉬는 것 자체가 부끄럽고 또 부끄럽던 시절, 나는 아무것도 하지 못하고 벌벌 떨면서 소주나 마셨다. 나중에 리영희는 중국에서 일어났던 문화대혁명에 대한 자기 판단이 오판이었다고 말했고, 브루스 커밍스 역시 한국전쟁이 남한의 남침 유도에 의해 일어났다는 주장을 수정했지만, 당시로선 알 길이 없었다. 설령 알았다고 해도 당시의 시대적 분위기 앞에서 나는 떳떳할 수 없었다.

그러다 2학년이 되자 박종범이란 후배가 들어왔다. 그는 폭넓은 독서와 강인한 정신력, 놀라운 실천력을 가진 시인이자 혁명을 꿈꾸는 청춘이었다. 난 지금도 박종범이 시인의 길을 꺾고 노동운동가가 된 것이 그의 인생에서 가장 안타까운 일이라고 믿는데, 그의 시는 자못 놀라운 것이었다. 아무튼 종범이는 대전대 영문과에 들어와 학보사 후배가 되었고, 우리는 곧바로 의기투합했다. 학교 축제 때 그와 나는 학교에서 최초로 총학생회를 부활하자는 유인물을

만들어 뿌렸다. 축제 현장은 당장에 난리가 났고, 술에 취한 학도호
국단 깡패들이 당시 편집장을 맡고 있던 내 방으로 난입해서 기물을
부수고 나에게 린치를 가했다. 학교 당국은 폭력 당사자들에게 아무
런 제재도 가하지 않았고, 학보사 말고 어디서 이런 문건을 만들겠
느냐는 황당한 이유로 나는 학보사 편집장직에서 물러나야 했다.

한의대생, 유급을 당하다

그리고 그해 2학기 기말고사에서 난 유급을 당했다. 사실 공부를
하지 않아 당한 유급이었지만, 누구도 그렇게 믿지 않았다. 그러나
유급은 내게 대단히 큰 사건이었다. 나는 심정적으로 피폐해졌고,
한동안 운동권과 거리를 두고 혼자 본과 1학년을 다시 다녔다. 종
범이는 그사이 운동권의 중심으로 훨훨 날아다녔다. 근 1년 동안 바
깥에 머물렀지만, 끝까지 학생 운동권과 절연한다는 것은 생각하기
힘들었다. 내가 잘나서가 아니라 모교의 학생운동 자원이 그만큼
빈약했기 때문이었는데, 87년 6월 민주화대투쟁 때는 특히 그랬다.

87년 6월 투쟁은 전두환 군사독재 정권에 대한 전면적이고 국민
적인 저항이었다. 4·19혁명 당시의 열기가 재현됐고, 시민들은 앞
다투어 학생들의 투쟁을 지지하고 동참했다. 가두시위를 하는데 시
민들이 김밥을 사다주고 담배를 갑째 내주고 돈을 걷어서 건네주는

것을 처음 경험했다고나 할까. 그만큼 전두환 독재에 대한 국민의 혐오가 컸다는 말이고, 그래서 '직선제 대통령 쟁취'라는 구호는 하나의 시대적 과제로 울려 퍼질 수 있었다.

　6월 10일에 전국 대학에서 일제히 대정부 투쟁에 돌입하기로 하자, 전두환 정권은 대학 총학생회를 원천봉쇄했다. 그래서 몇몇 남은 후배들의 요청을 받고 학교에 올라갔고, 87년 6월 민주화투쟁 당시 나는 비공식적으로 대전대 학생들의 전위였고 배후였다. 수배령이 떨어져 도망을 간 뒤에도, 6·29로 수배령이 풀린 뒤에도, 나는 한동안 모교 학생운동과 이런저런 끈으로 얽혀 있었다. 그러다 본과 4학년이 되는 88년이 왔다. 나는 졸업과 현장 노동운동 사이에서 많이 갈등했다. 하지만 솔직히 말하건대 용기가 없었다. 나는 처음부터 조직에 몸을 담지 않았던 희한한 선배였기 때문에, 조직에서 어디로 가라고 말할 계제도 아니었다. 결국 갈등 끝에 나는 12월에 한의사 국가고시를 봤고, 그렇게 한의사가 되어 졸업했다.

2부

학생의 자존감이 낮습니다

'학생이 아버지를 무서워합니다.' '학생의 자존감이 낮습니다.'
나는 그때야 깨달았다. 내가 바로 아이를 서서히 목 졸라 죽이고 있다는 사실을. 불현듯 나는 있는 대로 소리를 지르고, 수빈이는 차렷 자세로 부들부들 떨고 있는 모습이 떠올랐다. 나란 자는 아이를 공포에 몰아넣는 그걸 교육이라고 알고 있는 정말 나쁜 아버지구나. 나는 진심으로 깊이 반성했고, 앞으론 아이들에게 소리를 지르거나 매를 들지 않기로 굳게 마음먹었다.

“ 저절로 아버지가 되다
아이를 산에 버렸다
학생의 자존감이 낮습니다 ”

4장

저절로
아버지가 되다

살아남은 자의 부끄러움

대학을 졸업한 뒤 나는 모교 병원에서 수련의 과정을 밟았고, 졸업한 그해 11월 결혼했다. 종범이는 노동운동 중에 당시 흔하디흔했던 위장취업과 제3자 개입에다 애먼 국가보안법까지 똘똘 말려서 감옥에 갇혀 있었다. 편지는 자주 주고받았지만, 결혼 소식만큼은 직접 알려야 싶어서, 89년 10월 말 어느 일요일 인천교도소를 찾아갔다.

보안법 위반 수형자는 가족 아니면 면회가 금지되었던 시절이다. 원칙이 그러니 돌아가라는 교도관에게 주민등록증을 꺼내 보여주면서, 대전에서 어렵게 올라왔는데 얼굴도 보지 못하고 가면 되겠느냐고 통사정을 했다. 그래서 가까스로 얻은 10분. 나는 우물쭈물 선후배 근황을 전하다 마지막에 내 결혼 소식을 알렸고, 종범이는 환하게 웃으며 나에게 축하한다는 말을 건넸다. 그는 이미 두꺼운 겨울 누비옷을 입고 있었다.

짧은 면회가 끝나고 종범이는 다시 포승에 묶인 손을 들어 보이며 접견실을 나갔고, 텅, 하는 소리와 함께 두꺼운 철문이 닫혔다. 교도관에게 영치금 3만 원을 맡기고 나니, 내가 할 수 있는 일이 아무것도 없었다. 나는 쓸쓸히 돌아 나왔다. 버스를 타러 가는 길까지 교도소 담장이 길게 늘어서 있었고, 가로수 길엔 노란 은행잎이 뚝뚝 떨어졌다. 주안쯤이었던가. 나는 버스에서 내려 포장마차로 들어가 쓴 소주를 마셨다. 소주잔 위로 눈물이 뚝뚝 떨어졌다. 나는 결혼을 하는데, 내 후배는 감옥에 갇혀 있다는 현실이 너무 서글프고 분했다. 포장마차 주인이 몇 번이나 어묵 국물을 갈아주는 동안 나는 엉망으로 취해서 뜨겁게 울었다.

그래서였을 것이다. 인턴 레지던트 과정도 정신없이 바빴지만, 그런 와중에도 나는 집에는 안 들어갈망정 시민단체 회의에는 빠지지 않았다. 그렇게 해야 종범이에게 조금이라도 덜 미안해질 것 같았다. 경향 각지에 있는 선배, 친구들과 함께 '참된 의료 실현을 위한 청년 한의사회'라는 밋밋하고 긴 이름의 단체를 만들고, 이런저런 대전 시민운동 단체의 말석에 앉아 회의에 참석하고 돈을 모으고 성명서를 작성하고 매일같이 술을 마셨다. 그렇게라도 해야 조금이라도 내 부끄러움이 덜해질 것만 같아서. 대학 졸업 후 노동현

장에 가지 않았다는, 나 편하자고 그냥 사회로 투항해버렸다는 자책을 심하게 하고 있었고, 그 반작용으로 더 시민운동에 매달렸는지도 모르겠다.

다시 반복하지만, 그 당시 나를 사로잡았던 정조情調는 부끄러움이었다. 살아남은 자의 부끄러움이랄까, 현장에서 한 발 물러선 자의 부끄러움이랄까. 이름을 붙이기도 어렵지만, 아무튼 그랬다. 그리고 그 부끄러움은 갓 결혼한 신혼살림에 썩 좋지 않은 영향을 미쳤다. 연애기간은 길었지만, 새로 시집와서 모든 것이 서툴고 힘들었을 아내에게 잘 대하지 못했다. 수련의 과정 중에는 일주일에 2~3일은 으레 당직을 서야 한다. 당직 날은 당연히 집에 못 가지만, 당직이 아닌 날에도 입원환자를 돌보고 콘퍼런스 준비하고 대학원 논문을 준비하다 보면 퇴근 시간은 항상 늦었다. 집에서 저녁을 먹어본 기억이 없다.

퇴근은 늦었지만 신혼이니 집에 바로 들어가야 했는데, 나는 늘 아내 대신 후배를 만났고, 회의에 참석했고, 술을 마셨다. 주말에도 한의사 모임과 시민단체 일로 서울을 오르내렸다. 마음에 여유가 없었고 늘 쫓기는 심정이어서, 주변 사람들에게 별일도 아닌데 화를 벌컥벌컥 냈다. 무료 진료소를 열고 보건의료 연대회의를 꾸리고 이런저런 회의에 참석했다. 잘하는 것도 잘 돌아가는 일도 없었건만, 그렇게 바쁘게 사는 것에 대한 의심도 회의도 하지 않았다. 과녁으로 날아가서 박혀, 돌아오지 않는 화살이 되자는 고은의 시를 중얼거리며 다녔다. 마치 내가 대단한 전사나 된 것처럼 굴고 다녔던 셈인데, 지금 와서 생각해보니 얼마나 보기 사나웠을까 싶다. 원래도 즐겨 마셨지만 내 부끄러움을 감추기 위해서였는지, 노다지 술을 마셨다. 바깥으로 보이는 모습은 어땠을지 몰라도 가장으로선 빵점짜리였다.

아이가 태어나 나를 구원하다

결혼하고 몇 달 만에 큰애를 임신하지 않았으면, 아내는 그 길고 지루하고 폭력적이기조차 했던 시간을 견디기 힘들었을 것이다. 게다가 수련의 월급이 박봉이라 당시 60만 원을 받았는데, 40만 원을 따로 떼어 저금을 해야 대학원 등록금과 실험비를 댈 수 있었다. 그나마 수련의를 한다고 등록금 반액을 지원받은 게 그런 처지였다. 아내에게 남은 20만 원을 생활비라고 내밀면, 착하고 어진 아내는 그 안에서 어떻게든 살림을 꾸려갔다. 홀시아버지와 결혼하지 않은 시누이까지 섬기면서.

다시 말하지만 그런 내 신혼 시절을 구원한 것은 큰아들 두류의 출산이었다. 허니문 베이비까지는 아니었지만, 두류는 결혼한 지 3개월 만에 들어섰고, 내가 레지던트 1년 차를 보내던 1990년 11월에 태어났다. 난 스물여덟 살이었다. 나를 닮은 2세가 태어난다는 것은 정말 신기한 일이었다. 강보에 싸여 색색 잠을 자는 큰애를 보

아내는 큰아이도 작은아이도 집에 있을 때는 기저귀를 채우지 않았다. 불편하지 않게 마음껏 놀라는 뜻이었지만, 덕분에 엄마는 하루에도 내복 바지를 스물네 개씩 빨아대야 했다. 물론 둘 다 모유수유를 했고. 그런 엄마 정성과 스킨십 덕분에 모진 아버지를 견뎌낼 힘이 생겼을 것이다.

고 있자면 뭉클한 마음이 절로 들었다. 기저귀를 갈고 목욕을 시키고 귀이개처럼 가느다란 손가락을 벌리고 손톱 발톱을 깎아주면서 나는 내가 아버지가 됐다는 사실을 몹시 신기하게 받아들였다. 교과서에서 배운 대로 하루에 20시간을 자는 신생아지만 가끔 눈을 뜨고 나에게 웃어줄 때는 천사가 따로 없지 싶었다. 그 어린 녀석을 품에 안고 아내가 짜놓은 모유를 줄 때는, 무어라고 말할 수 없는 따뜻하고 뭉클하며 기쁜 마음이 아이를 안고 있는 내 주변에 조용히 쌓이는 기분이었다. 나른한 일요일 오후의 달콤한 낮잠처럼.

아이가 갓난아기일 때엔 내가 할 수 있는 일이 많지 않았다. 일요일이 되면 기저귀를 빨아 옥상에 널고, 다 마른 빨래를 걷어 내려오면 그만인 그런 시절이었다. 그래도 아이가 태어난 뒤론 나도 조금은 정신을 차려서 집에 들어가야겠다고 술자리에서 일찍 일어나기도 하고, 아내에게 고맙단 말도 하면서 지냈다. 두류가 돌을 맞을 때쯤 내 전공의 과정이 거의 끝나갔다. 학교에 남을지, 개업해야 할지 고민이 많았다.

한의원을 열다

내가 전공의를 마칠 무렵, 모교는 천안과 청주에 분원을 각각 열었다. 그러니 교수 요원이 갑자기 많이 필요해진 게 당연지사. 당시 수련의를 함께 밟았던 대부분의 친구가 학교에 남았다. 하지만 나는 좀 경우가 달랐다. 사실 내가 수련의를 하겠다고 했을 때, 교수님들이 걱정을 많이 했다고 한다. 학부 시절처럼 데모나 하지 않을까 싶었던 모양이다. 하지만 수련의 과정 중에 내가 조신하게 굴었던지, 그런저런 걱정보다 교수 요원을 뽑는 게 급했던지, 아무튼 병원 측은 내게도 학교에 남으라고 제안했다. 청주병원 내과로 가라는 것이었는데, 당시 아버지 건강이 많이 안 좋으셨고, 이런저런 이유가 겹쳐서 결국 학교 선생 대신 개업을 선택했다. 그것이 1992년 초반의 일이었다. 당시 학교에 남았던 친구들은 모두 정교수가 되었고 일부는 한의대 학장을 역임하기도 했으니, 과연 순간의 선택이 미래를 좌우한다. 학교에 남지 않았던 것에 대한 미련은 없지만, 나중에 결국 다른 한의대 교수로 가게 된 걸 보면 나 역시 교직에 대한 열망은 있었던 것 같다.

1992년 초, 여기저기 혀 짧은 소리를 해가며 보증을 세우고 대출을 받아서 개업했다. 내 딴에는 대단한 경력이라도 쌓은 것처럼 여겨졌지만, 임상이란 게 그리 만만한 게 아니었다. 교과서에 나온 대로 환자가 오지 않는 것이다. 환자를 치료하면서 다양한 임상 경험을 쌓아야 약이고 침이고 운용이 가능한 법인데, 대학병원 수련의 과정 3년이 임상 경험 전부였던 내가 환자를 잘 보기란 쉽지 않은 노릇이었다. 대략 1년여 서툴게나마 병아리 한의원 원장 노릇을 하느라 끙끙대던 차에, 느닷없이 약사법 분쟁이 터졌다. 약사들에게 한약 조제를 허용한다는 정부 발표에 전국의 한의사들이 전면 반대투쟁에 나선 것인데, 문제는 한의사 중에 데모해본 사람이 별로 없다는 것이었다. 해서 겨우 서른을 갓 넘긴 주제에, 단지 대학 다닐 때 데모 좀 해봤다는 이유 하나만으로, 대전시 한의사회 기획이사로 들어가게 됐다. 수련의 때부터 참석하던 시민단체에, 청년한의사회의 무료 진료소에, 한의사회 이사란 직책까지 얹어져, 나는 당시 지역에서 가장 바쁜 한의사 중 한 명이 되어 있었다. 돈 안 되는 일로만.

아이에게 이야기를 들려주다

원래도 늦은 귀가가 자꾸만 더 늦춰졌고, 아이와 놀 수 있는 시간도 많이 부족했다. 두류는 씩씩하게 자라서 네 살이 되었다. 한창 아빠랑 교감이 필요했던 시기이다. 지금도 마찬가지지만 그때도 난 좋은 아빠는 아니었다. 그래도 어떻게 해서라도 한 가지는 지키려고 했는데, 그게 바로 동화구연이다. 이름 그대로 잠자기 전 아이를 안고 옛날이야기를 들려주는 것인데, 전래동화를 알면 얼마나 알겠는가. 밑천은 금방 드러났지만, 전혀 걱정거리가 아니었다. 창작동화를 들려주면 되었으니까.

그런데 이 창작동화란 게 얼마나 허술했느냐면, 로봇, 방귀, 똥, 변신괴물만 등장하면 아이는 정신없이 웃으며 좋아했던 것이다. 목욕을 시키고 옷을 갈아입힌 뒤에 큰애를 안고 누워서 되도 않는 스토리를 지어냈다.

"옛날 옛날에 방귀 대장 뿡뿡이가 살았어요. 그런데 하루는 뿡뿡이가 하늘나라에서 내려온 선녀를 만났는데, 너어무 예쁜 거야. 그래서 뿡뿡이가 방귀를 뿡~ 뀌었어요."

뭐 이렇게 허무맹랑한 동화지만, 아이는 너무 신나게 웃었고, 그렇게 5분쯤 아이를 안고 이야기를 하다 보면 아이는 어느새 꿈나라로 날아갔다. 곤하게 자는 아이 얼굴에 뽀뽀하고 불을 끄고 나와선, 다음날 회의에 보고할 문건을 만든다고 밤늦도록 20메가짜리 하드가 달린 32비트 컴퓨터를 켜고 도스 명령어로 씨름하던 때가 어제 같건만, 벌써 20년도 더 지난 이야기라니, 세월에 대해 내가 무어라 말할 수 있겠는가.

큰아들 두류와는 지금도 둘째인 수빈이보다 더 살갑게 친구처럼 지낸다. 그 까닭 중 하나가 두류가 서너 살 때 매일같이 들려주던 동화구연에 있다고 확신한다. 그 나이의 사내아이들은 똥, 방귀, 로 봇이란 단어에 열광한다. 당신이 타고난 이야기꾼이 아니라고 해도 아이가 좋아하는 단어만 안다면 재미난 이야기를 얼마든지 지어낼 수 있다. 책을 읽어주는 것도 좋다. 아이와 함께 교감하고 아이와 맨살을 비비며 아이에게 아빠가 널 사랑한다는 사실을 확인시켜주 는 것으로 충분하다. 책을 읽어줄 때는 저자와 번역자, 출판사와 삽 화가 이름도 알려주는 것이 좋다는데, 내 경험으론 그냥 이야기를 나누는 것만으로도 부자지간 관계는 화목해진다. 그리고 아이가 자 라 나이를 먹어도 아주 친하게 지낼 수 있는 좋은 방법이다. 큰아이 두류는 올해 스물다섯 살이 되었지만 어릴 때처럼 여전히 친구다.

우리 가족은 놀러가는 데 선수급

큰아들 두류와는 이런저런 기억이 많다. 일단 탐방을 자주 많이 다 녔다. 내가 사는 대전에는 국립중앙과학관에서 시립미술관, 대전

엑스포, 시민천문대, 화폐박물관, 둔산 선사유적지, 대청댐, 보문산 야외음악당, 꿈돌이 동산, 만인산 눈썰매장, 갑천 둔치 등 가볼 곳이 많다. 일요일이 되면 아내와 아이와 함께 나가서 관람도 하고, 쑥도 캐고, 부메랑도 던지며 같이 놀았다. 여행도 자주 다녔다. 대전에 동물원이 아직 없을 때라 후배네 식구와 전주동물원엘 자주 갔다. 서해안에서 동해안까지 어지간한 곳은 가족들과 1박 2일 짧은 여행으로 다녀보았다. 원래도 운전을 싫어하지 않았고, 오히려 집중해서 운전하다 보면 복잡한 심사도 좀 풀리던 젊은 때라, 레지던트 2년 차 때 산 1,500cc 르망에 가족을 싣고 피곤한 줄도 모르고 많이 다녔다.

사진으로만 보면 아이들에게 참 다정다감한 아빠인 것처럼 보인다. 나도 내가 그런 줄 알았다. 내게 붙어있는 아이가 둘째 수빈이. 2003년 제주도 여행.

아빠: 독서는 어떻게 했는지? 초등학교 입학 전, 초등학교 저학년, 고학년, 중학교, 고등학교 순으로 정리해주면 좋겠구나.

아들: 제 기억이 자세하게 요구되는 질문들은 다들 대답하기 어려운 것들이에요. 제 기억들은 상당히 희미해서, 내가 그 시절에 무슨 무슨 책을 읽었는지 하나하나 기억나지는 않거든요. 일단 읽은 책들부터, 생각나는 성향을 써볼게요.

초등학교 저학년 때까지는, 동화책을 제외한다면, 역사만화를 많이 봤어요. 《만화로 보는 ~~역사》《맹꽁이 서당》《먼 나라 이웃나라》 등등. 초등학교 고학년 때부터는 책을 편식하는 정도가 약해졌어요. 《산사나무 아래에서》《몽실언니》《어린왕자》《나의 라임 오렌지나무》 같은 소설도 좋아했고, 《로마인 이야기》 같은 역사서도, '앗! 시리즈' 처럼 딱히 분류하기도 어려울 정도로 다양한 지식을 쌓아놓은 도서들도, 이제는 기억조차 나지 않는 어린아이들을 위한 사회과학 도서들도, 뭣도 모르고 읽던 철학 입문서들도, 모두 좋아했어요. 마르크스주의를 이때 접했고, 청교도 윤리가 자본주의와 무슨 연관인지도 이때 배웠고요.

중학교 때는 장르소설 같은 것도 많이 읽었고요, 읽는 책들의 종류는 여전히 무차별적이었지만, 초등학생 때보다는 어려운 것들도 고를 수 있게 되었어요. 초등학생 때 읽어본 책들을 다시 읽기도 하고, 《정의란 무엇인가》처럼 새로운 시도들도 했고요.

고등학교 때는 소설에 대한 애정이 많이 줄어들었어요. 읽는 책들이 인문학, 사회과학 쪽에 많이 집중됐어요. 물론 완전히 안 본 것은 아니지만요.

독서 시간과 독서량은 시간의 경과에 따라 하락세를 타요. 초등학생 때는 공부고 뭐고 책읽기, 게임하기밖에 거의 안 했고, 그만큼 많은 시간 동안 많은 책들을 봤어요. 초등학생 때 독서일기장을 적었는데, 무슨 책을 읽었나를 간단하게 적어두는 거예요. 보면 읽고 또 읽은 책들도 많고, 간단간단하게 읽고 적은 것들도 있긴 한데, 애초에 이거 적기를 귀찮아해서 안 적은 책들도 많아요. 그래도 1년에 한 천 권 정도는 '읽었다'고 번호를 매겨 놨네요. 거의 하루 평균 두세 권이죠.

중학교 때는 여전히 공부는 안 했지만 전보다 게임을 훨씬 많이 했어요. 학원도 다녔고. 책 읽는 시간의 비중이 많이 줄었죠. 하루에 평균적으로 한 권에서 두 권 사이를 읽었어요. 학교 쉬는 시간, 점심시간, 집중 안 되는 수업시간(참으로 나쁜 제자예요, 안 그래요?)에 틈틈이 한 권, 집에서 한 권(게임을 덜 하는 날에는) 해서, 한두 권 정도.

고등학교 때는 으아, 책 읽을 여건이 잘 안 되더라고요. 학교에 오래 있기는 했어도, 쉬는 시간에는 놀았고, 수업을 듣게 돼서 수업시간에는 책을 못 읽었고, 자습시간에는 책을 읽으면 뺏어가서 포기. 게다가 집에 가면 밤 10시…… 심지어 어떤 날에는 학원도 가고 해서 12시. 책, 거의 못 읽었어요. 1주일에 두 권 읽으면 많이 읽은 주. 1주일에 한 권 정도?

독서에 투자한 시간도 독서량 감소의 원인이지만, 읽는 책들의 수준 차이도 독서량 감소를 유도했죠. 소설이나 '앗! 시리즈'처럼 가볍게 읽을 수 있는 책들에서, 내가 이걸 이해하

우리 가족은 놀러 가는 것엔 선수다. 집에 손님이 오는 것도 좋아한다. 사람 사는 집엔 사람이 자주 찾아와야 좋은 것 아닌가. 다행히 나뿐 아니라 아내도 손님 치르는 것을 싫어하지 않아서, 두류가 어렸을 적엔 후배들이 자주 가족 동반으로 놀러 오곤 했다. 모두가 두류에게 자발적으로 삼촌과 이모가 돼주었다. 내가 스물일곱이란 비교적 이른 나이에 결혼했고, 그 이듬해에 두류가 태어났으니, 후배 부부 중에는 아직 아이가 없는 경우가 많았다.

내가 육남매 중 막내라서 아이에게는 큰아버지가 두 분에 고모가 세 분이고, 내게는 조카들이고 두류에겐 사촌 형, 누나가 되는 혈육도 많다. 어려서부터 두류에겐 늘 주변에 사람이 많았고 그분들의 사랑과 관심을 받으며 자랐다. 그래서인가 큰아들은 사교성이 좋고, 어디를 가도 대체로 환영받는 편이다. 그런 점에서 외동이가 많고, 삼촌, 이모가 없는 요즘 아이들은 걱정된다. 부모가 고민해야 할 문제다.

　여행을 간다면 준비를 잘해야 한다. 일단 코스를 잘 짜서 길에서 보내는 시간을 최대한 줄이고, 방문하는 도시의 맛집을 물색해둔다. 아이가 좋아할 만한 곳을 끼워 넣는 것이 특히 중요한데, 예컨대 경주보다는 전주가 좋다. 경주에는 어린아이들이 놀 만한 곳이 많지 않지만, 전주에는 앞서 말한 동물원, 덕진공원(큰 연못과 오리배가 있다)이 있고 음식도 맛있다. 강원도로 여름휴가를 3박 4일로 간다 치면, 하루 정도는 워터파크에 들러서 온종일 물놀이를 할 수 있도록 일정을 잡는다. 조금 더 자라면, 인제에 가서 내린천 래프팅을 하는 것도 좋다. 영월에 간다면, 동강 래프팅을 즐긴 뒤에 김삿갓 문학관을 가는 식으로 코스를 짜면, 아이들이 지루해하지 않는다. 이렇게 여행을 가면 아이들이 자라서 중학생이 되고 고등학생이 되어도, 부모와 가족여행을 간다고 따라 나서게 된다. 부모 취향이나 교육적 효과만 고집하면 그 여행은 지루해지기 십상이다. 음식도 회라든가 매운 것 위주로 먹으면, 아이들이 싫어한다. 하루 한 끼는 아이들이 좋아하는 것으로 식사하는 것이 좋다.

　책 읽기를 좋아한 것이 가족여행에도 도움이 됐다. 사전에 대강이라도 인터넷 검색을 해서 아이들에게 설명을 해주면, 아빠에 대한 존경심이 1점 올라간다. 예를 들어 영월에 간다면 청령포에 유배된 단종이 사람을 너무 그리워해 강 건너편에서 소를 모는 농부들을 애절하게 불렀는데, 처벌이 두려워 농부들이 도망갔다는 이야기를 들려주면 아이들 눈이 초롱초롱해진다.

이렇게 말은 그럴듯하게 하고 있지만, 사실 두류가 어렸을 때는 시민단체나 협회 일 때문에 집에 거의 늦게 들어갔고, 아예 집에 없는 날도 꽤 많았다. 바쁘다는 핑계로 아내와 아이에게 많이 소홀했던 것이, 아이가 자라고 난 지금 가장 후회스럽다. 나 같은 아빠들이 없길. 공부에 때가 있듯이, 부모와 자식 간에 정을 도탑게 할 수 있는 시간도 정말이지 얼마 되지 않는다.

초등학교부터 선행학습에 내몰려서 친구랑 어울려 놀기도 어려운 아이들이다. 사회생활로 바쁘다고 아버지가 아이들과 함께 하는 시간이 없으면, 내 귀한 아이가 외톨이로 크면서 자기만 아는 사람이 될 수도 있다. 아버지가 아이들과 친하게 지내며 사회성을 길러줄 시간은 초등학교 시절이 거의 유일하다.

———

5장

아이를
산에 버렸다

촌지를 건네지 맙시다

큰아이가 초등학교에 들어가기 전, 아내와 몇 가지를 약속했다.

1. 한글을 미리 익히는 등 선행학습을 하지 않는다.
2. 성적을 가지고 혼내지 않는다.
3. 성적을 올리기 위해 사교육을 시키지 않는다.
4. 어떤 일이 있어도 선생님에게 촌지를 건네지 않는다.

그런데 마지막 약속을 지키기가 참 쉽지 않았다. 열거한 약속을 지키려면 아비가 뭔가 자식 교육을 위해 다른 모습을 보였어야 했는데, 난 그저 말로만 이상론을 폈을 뿐이고, 실제로 생기는 온갖 일들은 아내가 도맡아야 했다. 지금은 촌지가 근절됐다고 하지만, 우리 아이들이 초등학교에 다닐 적엔 꼭 그렇지도 않았다. 그래서 아내는 늘 두 아이 학교 화단에 꽃을 심고, 급식 당번에 시험 감독에, 학부모 모임에 나가 노력 봉사를 하느라 애를 곱절로 써야 했다. 그런데 교사에게 촌지를 줘야 할지도 모를 일이 비교적 일찍 터졌다.

두류가 초등학교에 입학하고 한 달쯤 뒤에 학교에서 받아쓰기 시험을 잘 못 봤다고 손바닥을 열아홉 대나 맞았다는 것이다. 스무 문제 중 한 문제만 풀고 두 번째 문제를 계속 생각하느라 남은 열아홉 개 문제를 다 못 써서 그렇게 혼이 났다는 것이다. 어이구 아팠겠네, 하고 웃어넘겼지만, 솔직히 조금 걱정이 됐다. 초등학교 1학년 아이가 받아쓰기 시험을 못 봤다고 손바닥 열아홉 대를 때리는 게, 과연 교육적으로 옳은 일일까.

나름대로 알아본 결과, 담임선생이 촌지를 좋아한다는 이야기를 들었다. 다른 학교에서도 그런 일이 잦았고, 그렇게 해서 학부모가 다녀가면 또 다른 아이를 쥐 잡듯 잡는다는 것이었다. 그렇다고 우리 애를 때리지 말라고 촌지를 갖다 줄 수는 없었다. 아는 분들과 상의도 하고 나름 고심 끝에 다음 주 1학년 급식 당번을 내가 하마했다. 당일 나는 생활한복을 위아래로 받쳐 입고 학교에 갔다. 급식도 열심히 하고, 교실 청소도 깨끗이 했다. 일과가 다 끝난 뒤에 선생님을 찾아갔다,

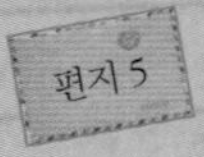 **책을 좋아하는 가정환경 덕분에**

아빠: 책을 좋아하게 된 동기는?

아들: 으아…… 옛날 일들이 자꾸 들어오네요. 무슨 결정적인 계기가 있어서 좋아하게 된 기억은 없어요. 그렇다면 아마 천천히 좋아하게 된 거겠죠? 제 제반환경이랑, 제 적성이 독서에 적합했다고 생각해요. 고등학교에 들어오면서 성격에서 외향성이 드러나게 됐는데, 그 이전에는 타인과의 접촉을 그리 즐기는 성격이 아니었어요. 그러다보니 혼자서도 할 만한 것들 위주로 행동했고, 그중 하나가 책읽기였겠죠. 그리고 부모님도, 제 형도 책읽기를 좋아했잖아요. 독서가 가정환경에 많이 영향 받는다고 하는데, 그런 점에서 책 읽는 가족들의 모습은 적절한 환경을 제공했죠. 그리고 책 자체를 제가 좋아했다고 생각해요.

"부족한 아이를 맡겨서 심려가 크실 텐데, 저희가 생각한 바가 있어서 한글도 떼지 않고 학교에 보냈습니다. 모쪼록 어려우시겠지만, 잘 부탁드립니다."

나는 90도로 허리를 숙여 깍듯이 인사를 올렸다. 그 선생은 조금 당황했던 것 같다. 그냥 우물우물 몇 마디 인사를 하시긴 했지만, 이건 또 뭔가 싶기도 했을 것이다. 아무튼 다행히 그 뒤로는 그런 일이 없었다. 엄마가 해결하기 힘든 일이 있으면 아버지가 찾아가는 게 한 방법일 수도 있겠다.

두류가 초등학교에 들어가고 난 뒤엔, 가족이 함께하는 탐구과제를 같이 만들었다. 가장 기억에 남는 것은 가족신문 만들기다. 다른 가족 같으면 어려울 수 있었겠지만, 나도 아내도 명색이 대학 신문사 편집장 출신이니 손쉬운 일이었다. 먼저 가족에게 일어난 중요한 사건을 뽑는 편집회의를 하고 내가 기사를 썼다. 아내는 식자를 담당했다. 한글 폰트를 크기대로 뽑아서 제목도 달고 사진도 붙여서 제법 그럴듯한 가족신문을 여러 번 만들었는데, 쑥스럽지만 상도 제법 받았다. 그런 상장보다도 편집회의를 하는 과정에서 아이와 이야기를 나누며 학교생활과 요즘의 관심사를 자연스럽게 들을 수 있어서 좋았다.

대화는 샘물과 같다. 자주 퍼내야 그만큼 고인다. 오랜만에 만난 친구와 할 이야기가 오히려 없는 것처럼, 아이랑 수다 떨기도 해봐야 된다. 지금 초등학교에 다니는 아이와 십 분 이상 이야기를 나눌 자신이 없는 아버지는 생각을 바꾸셔야 마땅하다.

모질고 엄한 아버지

지금까지 한 말로만 보면 내가 무척 가정적이고 아이와 아내를 사랑하는 좋은 아버지인 줄로 여기실지 모르겠다. 하지만 며느리 자라 시어미 된다는 것 아닌가. 내가 아버지에게 성적 때문에 혼이 나고, 앞에서 모진 말을 들으며 자존심을 다쳤으니 나는 그러지 않겠다고 다짐도 했건만, 나 역시 두류에게 모질고 엄한 아버지였다. 조금만 잘못하면 큰 소리로 엄하게 꾸짖었고, 동생 수빈이랑 싸우기라도 하면 종아리도 많이 때렸다. 결정적인 사건은 초등학교 2학년 때 벌어졌다.

봄이라 꽃가루가 마구 날리던 4월 무렵이었다. 마침 집에 일찍 들어간 날이었는데 집안 분위기가 심상치 않았다. 왜 그러냐고 아내를 다그치자, 두류가 동네 슈퍼에서 껌 한 통을 훔치다 잡혀서 주인에게 연락이 왔다는 것이다. 나는 옷도 갈아입지 않고 아이를 데리고 슈퍼로 갔다. 아이가 보는 앞에서 주인에게 고개 숙여 잘못했노라고 최대한 공손하게 사죄를 했다. 내가 아이를 잘못 가르쳐서 이렇게 됐으니 이번 한 번만 용서해주시면 다시는 그런 일이 없도록 하겠다고 빌었다. 아이에게도 잘못을 빌고 용서를 구하게 했다.

집에 돌아와서 나는 무섭게 아이를 때렸다. 두류는 어려서부터 잘못했다는 말을 잘 하지 않았다. 열 대면 열 대, 다섯 대면 다섯 대. 잘못한 대로 매를 맞고 제 방에 가서 반성하고 오라고 하면, 이

러저러해서 잘못했습니다, 말은 했지만, 내가 혼낼 때는 잘못했으니 용서해달라고, 매를 맞기 싫다고 말한 적이 없었다. 하지만 그날 만큼은 내가 얼마나 화를 내고 무섭게 때렸던지, 두류는 무릎을 꿇고 손이 발이 되도록 빌었다. 인격도 수양도 부족했던 나는 그런 모습을 보면서 오히려 분노가 더 폭발하고 말았다. 그래서 기어이 아이 가슴에 못을 박는 짓을 했다. 아버지가 나에게 한 것보다 더한 폭력을 두류에게 휘두르고야 만 것이다.

아이를 산에 버렸다

내가 살던 둔산에서 차로 한참을 가야 하는 연구단지 야산으로 아이를 데리고 갔다. 사위는 칠흑처럼 어두웠다. 인가도 없고 따라서 불빛도 없는 그 야산에 길이 끊어지는 곳까지 아이를 데리고 가서, 짧게 한마디 했다.

"너는 물건을 훔치는 도둑놈이니, 네 맘대로 해라. 집에 들어올 것도 없다."

그리고 나 혼자 산길을 걸어 내려와 버렸다. 이 글을 쓰면서 그때 일을 떠올리자니, 내 가슴에 눈물과 한숨이 흐른다. 참말이지 답답한 마음을 가눌 수가 없다. 대체 무슨 생각으로 그랬던 것일까. 나도 어려서 저질렀던 일인데, 따끔히 야단을 쳐서 다시는 그렇게 하지 말라고 주의를 시키면 그만이었을 일을, 왜 그렇게 모질게 굴어 아이 가슴에 평생 지울 수 없는 상처를 주었을까. 아이는 얼마나 놀라고 아프고 무서웠을까…….

　많은 시간이 지난 뒤에 나는 두류에게 진심을 담아 몇 번이고 사과했다. 아빠가 미숙하고 어리석은 판단을 해 너에게 큰 상처를 줘서 정말 미안하다. 아빠가 제정신이 아니었다. 두류는 고맙게도 매번 괜찮다고, 너무 마음에 담아두지 마시라고, 오히려 못난 아버지를 위로했지만, 나는 내 아이에게 너무 큰 상처를 준 못난 아빠라는 자책을 거둘 수가 없다. 어떤 일이 있어도 아버지는 자식을 믿고 지켜줘야 하는 것 아닌가. 그런 사람이 자식을 내다 버린 꼴이니, 입이 열 개라도 할 말이 없다.
　"정말 미안하다. 그리고 그런 일을 겪고도 잘 자라줘서 정말 고맙다."

　30분쯤 지난 뒤 다시 산길을 올라갔다. 갈 곳이 없었던 두류는 완전히 풀이 죽어서 그냥 서 있었다. 나는 반성했는지 묻고, 다시는 그런 짓을 하지 않겠다는, 하나마나한 약속을 받고서야, 아이를 차에 태워 집으로 데리고 왔다. 두류는 반쯤 넋이 나가 있었고, 나도 화가 가라앉기도 했고 왜 이렇게 어리석은 짓을 했는지 자책하느라, 돌아오는 길은 멀고 길었다. 어둡고 암담했다. 왜 싫은 기억은 되풀이되는가. 어릴 적 내가 대전 중촌동 형무소 정문 앞에서 뒹굴며 아버지에게 잘못했다고 빌던 기억이 단속적으로 떠올랐다.

며느리 자라 시어미 된다는 말이 하나도 틀린 게 없다. 나 자신이 부친의 엄한 교육 방침과 저지른 죄에 비해 지나친 벌로 상처를 받았음에도, 나 자신이 내 아이를 그렇게 키웠으니 말이다. 그럼에도 두류는 늘 나를 위로하고 괜찮다고 말해주곤 하는데, 참 고마운 일이다. 요즘 저녁에 들어가서 일찍 귀가한 녀석과 한 잔 마시는 게 큰 낙이다. 두류는 군대에서 제대하고 다시 복학해서 대학에 다니는 중인데, 아빠처럼 못나게 살지 말고 즐겁고 행복하게 앞길을 걸어가길, 아이에게 좋은 아버지가 되길 진심으로 빈다.

때린다고 아이 성품이 좋아지지 않는다

형한테 그랬으니 수빈이한테는 안 그랬겠는가. 수빈이도 제 형만큼은 아니었지만, 많이 혼나면서 자랐다. 두류를 키우면서 조금은 배운 게 있었던지라, 수빈이는 비교적 매를 덜 맞으면서 컸다. 형과 다섯 살 터울인데, 두류 형이 먼저 몸으로 울고 간 덕에, 수빈이는 비교적 제 형처럼 매를 맞지는 않았다. 그 점은 형에게 고마워해야 할 것이다. 말을 하고 나니 내가 생각해도 기가 막힌 말이다. 지금이라면 절대로 그렇게 생각하지 않지만, 당시엔 매를 때려서라도 아이를 바른길로 인도해야 한다는 해괴한 사명감에 사로잡혀 있었다. 폭력에 대한 감수성이 매우 무뎠고, '잘못한 놈은 좀 맞아야 해'라고 생각했다. 잘못했으면 그에 합당한 벌을 받을 일이지, 때리면 안 된다. 중동이라면 태형이란 벌이 있지만, 우리나라는 육체적 폭력을 가하는 일이 법률로 금지되어 있다. 법에서 하지 말라는 걸 하면, 대체로 결과가 안 좋다.

'매를 아끼면 아이를 망친다'는 말과 반대로 분노와 감정에서 나오는 체벌은 반항적이고 통제하기 힘든 아이를 만든다는 연구가 있다. 나도 겪은 일이지만, 부모가 자식에게 화를 내고 매를 들면, 그 아이는 나중에 자라서 자기 아이들에게 똑같이 매를 들 확률이 높아진다. 이유는 단순하다. 아이들은 부모가 하는 것을 보고 배운다. 그 배움은 세종께서 가르쳐주신 대로 뿌리가 깊어 시간이 지났다고 흔들리지 않는다. 그래서 나중에 아버지가 되고 엄마가 되어 아이를 키우다 보면, 자기도 모르게 목소리가 높아지고, 급기야 매를 들게 된다. 자기도 그렇게 자랐고, 아이를 자기 소유물로 생각하기 때문이다.

부모가 되는 법을 배울 기회가 없는 세상

아이란 하늘이 내게 잠시 맡긴 귀한 선물이고, 사람을 절대로 매로 가르치려 하면 안 된다는 사실을 그때는 몰랐다. 물론 몰랐다는 말로 변명이 되는 건 아니다. 모르는 건 죄다. 분명히 말씀드리지만, 나는 지금 독자 분들에게 내 죄를 고백하는 중이지, 내 잘못을 덮자는 것이 아니다. 반성하고 있고, 다른 젊은 아빠 엄마들은 나처럼 후회하는 일이 없도록 부모-자식 관계에서 어떻게 감정을 잘 드러내고 감출 것인지, 어떻게 부모의 분노를 조절할 수 있을 것인지 생각해보시기 진심으로 바란다.

우리는 불우하게도 부모가 되는 법을 배울 기회가 드문 세상에서 살고 있다. 육아 경험이 많은 할아버지 할머니들과 떨어져 있거나 그들의 충고를 무시한다. 그렇다고 학교에서 어떤 아버지가 되라고 가르쳐주지도 않는다. 노력하지 않고 좋은 부모가 되기란 정말 힘든 일인데도, 우리는 그냥 아무 준비 없이 결혼하고, 자식을 낳아 기른다. 가끔 이것이야말로 정말 끔찍한 일이 아닌가 싶은 생각이 든다.

우리 아이들을 사회로 내보내기 이전에 좋은 남편과 아내, 좋은 부모 되는 법 정도는 학교와 사회가 아이들에게 잘 가르쳐 내보내야 맞다. 부모가 해야 한다고? 그럴 수 있는 부모가 얼마나 되겠는가. 내 개인적 경험으로 더 보태면 형제간에 빚보증 서지 말라고도 가르칠 것이다(빚보증 이야기는 다음 장에서 고백하겠다). 돈을 소중하게 생각하라는 가르침도 줘야겠다. 경제적 독립이 안 되면 아무리 나이를 먹어도 어른 노릇하기 힘들다. 돈이 인생의 전부는 아니지만 인생에서 매우 큰 부분을 차지하지 않는가. 하지만 일상에서 우리가 자녀에게 올바른 경제관념을 심어주기 위해 얼마나 노력하는지 돌아볼 때다.

　매는 조금 덜 맞았는지 모르겠지만, 수빈이도 형 못지않게 엄한 아빠 밑에서 자랐다. 나는 그런 사실을 전혀 알지 못하고, 그저 남들만큼은 하고 있겠거니, 솔직히 말하자면 제법 아비 노릇을 잘하는 중이겠거니, 말도 안 되는 착각에 빠져 있었다. 내가 수빈이에게 정말로 잘못하고 있다는 사실을 겨우 알아차린 것은, 수빈이가 중학교 2학년 때 갔던 학습캠프에서 보내온 충격적인 보고서를 받아 들고 나서였다.

———

6장

학생의 자존감이 낮습니다

빚보증을 서다

두류에 비하면 수빈이와 함께 놀았던 기억이 많지 않다. 그건 순전히 내 잘못이다. 수빈이는 1995년생인데 그 아이가 네 살에서 일곱 살 사이, 그러니까 1998년에서 2001년 동안 나는 알코올에 분노와 공허감을 뒤섞어 하루하루를 겨우 버티고 있었다. 이유를 말하기는 정말 싫지만, 또다시 돈이 문제였다.

대학 다니던 시절 가까이 지내던 선배가 나를 찾아온 것이 아마도 1993년경이었을 것이다. 대학 시절에 늘 함께 만나고 정말 친하게 지냈던 선배였다. 선배는 사업을 해보겠노라고, 무역업인데 신용장(L/C)을 개설하자니 보증인이 필요하다는 말을 꺼냈다. 나는 별생각 없이, 정말 아무런 걱정도 근심도 없이, 서류에 사인했다. 금액도 오천만 원인가 그랬다. 그간의 인연을 생각하면 다 날려 먹어도 밀어줄 수 있는 금액처럼 생각했다. 자만과 오판이었음은 물론이다.

일이 터진 것은 1997년 국제통화기금(IMF)사태 즈음이었다. 대한민국의 내로라하는 회사들도 뻥뻥 넘어가던 그 당시, 선배는 나름 막아보려고 애를 썼겠지만, 결국 회사는 부도가 나고 말았다. 게다가 금액은 내가 확인을 하지 않는 사이에 원금보다 이자가 늘어나 총액이 엄청나게 커졌다. 나중에 알고 보니 보증인이 나 말고도 둘이나 더 있었다. 그래서 최종적인 부채 총액은 처음의 오천만 원을 가볍게 몇 배나 뛰어넘는 금액이 됐다. 은행은 다른 보증인을 제쳐놓고 나에게만 빨리 채무를 갚으라고 혹독하게 다그쳤다. 명색 한 의사인 내가 돈도 잘 벌 것이라고 생각했는지는 모르겠다. 내가 얼마나 바보인지 이런 문제를 그저 내 상식대로만 풀려고 했고, 금융 전문가와 상의할 줄도 몰랐다. 사람이 극단에 몰리면 뵈는 게 없어진다더니, 내가 딱 그 짝이었다. 사실 누구랑 상의하는 게 창피하고 부끄럽기도 했다.

얼마 가지 않아서 아내도 그 사실을 알게 됐다. 아내는 분김에 선배 집에 가서 드러누워서라도 받아내자고 했지만, 그럴 형편도 아니었고, 차마 그럴 수도 없었다. 나는 2년 가까이 그 문제를 해결해보겠다고 동분서주했지만, 아무 데서도 해결책을 찾을 수 없었다. 별수 있나. 나는 내가 들고 있던 모든 적금과 정기예금과 보험을 다 해지했고, 마지막엔 한의원 전세 보증금까지 털어서 그 빚을 모두 갚았다.

돈 문제만도 아니었다. 니체의 표현을 빌리자면, 나는 빚보증 문제가 터지기 한참 이전부터 심연을 들여다보고 있었고, 심연 또한 나를 응시하기 시작했던 모양이다. 사는데 아무런 보람도 가치도 느낄 수가 없었다. 모든 것이 무의미했다. 갑자기 나를 둘러싼 모든 것에 어떤 가치도 부여할 수 없었다.

한의원을 폐업하다

외견상으로는 모든 일이 순조로웠다. 개업할 때 은행에서 빌린 대출금도 끝을 보이기 시작했다. 천만다행으로 선배 대출 보증문제가 터지기 전에 내가 개인적으로 진 빚은 다 갚아둔 터였다. 서른 중반, 비교적 이른 나이에 박사 학위도 받았고, 대학 강의를 나가기 시작했다. 처음 원주에 있는 한의대에 출강하러 갈 때는 제법 설레는 마음이 들기도 했다. 새벽안개를 헤치며 중부고속도로를 달리는 마음은 기쁘고 설렜다. 하지만 그것도 두 학기를 마치자 시들해지고 말았다. 시민단체에도 벌써 7~8년이나 이름을 올리고 있었다.

자연히 나름대로 내 목소리를 내는 등 활발하게 활동하고는 있었지만, 모임에 나가는 내 마음은 두근거리질 않았다. 두류 이후로 한참임신이 안 돼 거의 포기 상태였는데, 다행히 수빈이가 태어났다. 그럼에도 별다른 감흥이 없었다. 모든 일이 순조롭게 돌아갔다. 적어도 겉으로 보기엔.

수빈이가 두 돌도 되기 전에 오래 와병 중이었던 아버지가 돌아가셨다. 결혼 이후로 큰형은 뉴질랜드로 선교 이민을 떠났고, 작은형은 직장이 서울이어서 천생 내가 아버지 수발을 들게 됐는데, 고생은 아내가 다 하고 효자 소리는 내가 듣는 형국이라, 그 효자 소리를 들을 때마다 뒤통수가 뜨끔거렸다. 꼭 그래서만은 아니었을 것이다. 불편한 아버지와 함께 살아야 했다는 한 가지 이유만으로내 서른 중반 이후의 삶이 그렇게 피폐해진 것은 아니었을 것이다. 하지만 어느 날, 여느 때와 전혀 다를 것이 없는 평일 저녁, 나는 프라이드치킨을 사서 집으로 돌아가 아내와 소파에 앉아 먹다가 문득말해버리고 말았다.

"나, 잘못 사는 것 같아……."

들은 아내도, 뱉은 나도 무척이나 당황스러웠다. 나는 급히 수습하려고 했지만, 입이 떨어지지 않았다. 마치 연극의 한 장면처럼 나는 석고상처럼 굳어져서, 눈을 동그랗게 뜨고 지금 무슨 소리를 하는 거냐고 나를 바라보는 아내를 멍하니 마주 보았을 뿐이다. 한 손에 치킨 조각을 들고.

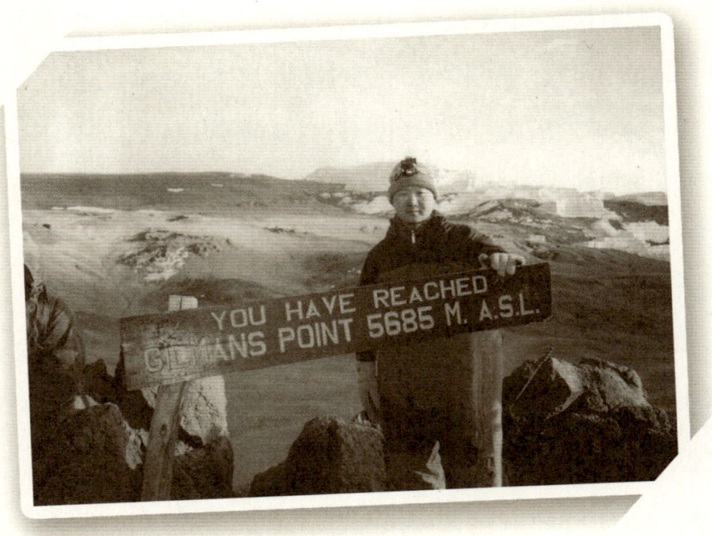

삶에서 아무런 희망을 찾지 못하던 96년, 아내의 권유로 아프리카 여행을 떠났다. 기진맥진한 채 5,685m에 달하는 킬리만자로 산 길만스 포인트에 도달했다. 내가 살아온 34년 세월처럼 허덕거리며 올랐지만, 팅팅 부은 얼굴 이상으로 차오르는 기쁨이 있었다. 문제를 근본적으로 해결하지는 못했지만, 적절한 휴식이었다.

얼마 뒤 아내는 여행을 권했고, 난 한 달 동안 아프리카 여행을 다녀왔다. 아프리카 여행이라니까 되게 호화로운 여행처럼 느끼실지 모르겠는데, 당시엔 직항이 없어서 비행기를 네 번이나 갈아타며 이틀을 오가야 했고, 현지에서도 만든 지 20년은 좋이 됐을 15톤 트럭 뒤꽁무니에 앉아서 온종일 털털거리면서 사파리 곳곳을 다니는 그런 여행이었다. 사파리 여행 코스 중 가장 저렴한 일정이었다. 잠은 텐트에서 자고 요리사가 해주는 음식은 소금을 얼마나 쳐대는

지 짜서 먹기가 쉽지 않았다. 밥 먹은 만큼 우유를 마셔야 했다. 하지만 나는 여행 내내 행복했다.

그 여행은 매우 적절한 시점에 떠난 효과적인 휴식이었지만, 문제의 근본적인 해결책은 아니었다. 표면적으론 가라앉은 것처럼 보였지만, 이전에 경험했던 피폐와 공허함은 여행 뒤로도 두 마리 벌처럼 내 머릿속을 윙윙대며 날아다니고 있었다. 내가 삶을 낭비하고 있다는 자책과 그렇다면 대체 무엇을 해야 하느냐란 주저 사이를 끊임없이 왕복운동하면서 방황하던 시절이었다. 나는 내가 한의사로 사는 게 비겁한 행동이라고 느끼고 있었고, 하지만 그것을 그만두고 다른 일을 찾아볼 엄두는 나지 않는 상태에서, 그러니까 레종데트르, 존재 증명이 어려운 상황과 맞닥뜨렸던 시간이었다.

그런저런 이유로 수빈이를 안고 자장가를 불러줄 수도, 구연동화를 해줄 여유도 없었다. 만사가 귀찮고 힘들었다. 술이 더 많이 늘었고, 그렇게 술에 취하기라도 해야 겨우 잠을 잘 수 있는 나날이었다. 그러다 맞닥뜨린 빚보증 문제는 사람 피를 바짝바짝 말렸고, 아주 인간성의 밑바닥까지 드러내게 하였다. 자살 충동을 느낄 정도는 아니었지만, 아내의 얼굴을 마주할 수가 없었다. 아내는 처음엔 낙담했지만, 이내 나를 응원하고 힘을 보태줬다. 그럼에도 불구하고, 그 돈을 해결하는 내 마음은 정말이지 비참, 그 자체였다. 들고 있던 적금을 해지하고 보험까지 해약하고 마지막엔 한의원 전세 보증금을 뺐다. 보증금을 돌려받아 은행으로 가기 전에 세무서에 들러 한의원 폐업 신고를 마쳤다. 허깨비처럼 걸어 은행에 갔다. 마지막 잔금을 갚고 이를 악물고 은행 정문을 나서니, 오후의 태양이 작열했다. 태양이 너무 강렬해서 사람을 죽였노라 진술하던 뫼르소의 심정을 알 것도 같았다. 그야말로 악밖에 남지 않았던 시절이었다.

마침 선배가 학장으로 계시던 모 한의대에서 나에게 교수직을 제안해왔다. 만사가 귀찮기도 하고, 사람이 두렵기도 했다. 다시 개업을 할 마음도 힘도 없었다. 새로운 출발이 절실했다. 재단 이사장을 만나 면접을 봤고, 두 달 후 임명장을 받았다. 나는 전주로 떠났고, 가족은 여섯 달 뒤에 나와 합류했다. 대학교수 생활은 나쁘지 않았지만, 명색이 부속병원 병원장 보직으로 발령이 났던 것이었고, 그 병원은 7년째 적자를 기록하고 있었기 때문에, 느긋한 교수 생활 따위는 처음부터 바랄 수가 없었다. 8시에 출근해서 10시에 퇴근하는 나날이 계속됐다. 이런저런 도움으로 결국 부임한 지 얼마 뒤에 병원 직원들과 하나가 됐고, 우리는 그 다음해에 적자를 흑자로 돌릴 수 있었다. 하지만 내가 이루고자 했던 병원의 미래와 재단이 생각했던 그림이 서로 달라서, 나는 1년 반 만에 교수직을 그만두고 다시 개업하게 되었다. 대전에 와서 다시 한의원을 개업하니 어느새 세기가 바뀌어 2001년 5월이었다.

다섯 살 수빈이가 부들부들 떨다

그런 시절이 바로 수빈이가 네 살에서 일곱 살 되는 시절이었으니, 내가 무슨 정신으로 수빈이를 안고 구연동화를 들려줄 마음이 났겠는가. 모두 내가 잘못한 때문이었지만, 그래서 수빈이가 어렸을 때, 아빠가 정말 필요했던 시간에 나는 수빈이와 함께 있지 못했다. 그래서 혼도 더 많이 나고 매도 더 많이 맞고 칠흑같이 어두운 산에 버려지기까지 했지만, 두류랑은 좀 더 가깝게 느껴지고 수빈이랑은 좀 서먹하다. 백퍼센트 내 잘못인데, 이제 와서 돌이킬 방법은 없다. 지금 현재 어린 자녀를 둔 아빠들, 그러나 자신의 처지도 어려운 모든 아빠들에게 감히 충고한다.

"자식에게 널 사랑한다는 말을 몸으로 익힐 수 있는 때가 바로 지금입니다. 지금이 바로 그 시기란 사실을 기억하고, 아무리 힘들고 어려워도 아이들에겐 내색하지 말고 좋은 아빠가 되어 함께 놀아주십시오. 세상에는 그때를 놓치면 돌이킬 수 없는 것이 있습니다."

수빈이는 어려서부터 특별한 것이 별로 없던 아이였다. 몇 가지 기억이 남는 것은, 엄청나게 울었다. 신생아 때부터 한 돌이 지나도록 밤낮을 바꿔 살았는데, 한 번 울기 시작하면 끝날 줄을 몰랐다. 다음날 출근을 해야 하니까 조금 울음을 그쳐주면 좋으련만, 이 아이는 한 번 울면 날이 밝도록 울었다. 기고 걷는 게 가능해질 때가 되니까 울음은 자해 행동으로 바뀌었다. 뭔가 제 마음에 들지 않는

　시기별로 재미있던 책

아빠: 어떤 책이 재미있었니?

아들: 어떤 책들을 싫어했는가를 답하는 편이 빠를 것 같네요. 어떤 책이 재미있다를 답하기가 어려운 이유는, 저는 재미가 없는 책은 끝까지 읽은 경우가 거의 없거든요. 도중에 그만뒀지. 시기별로 특히 좋아하던 장르 정도는 있네요. 초등학교 저학년 때까지는 역사만화예요. 일단, 텍스트 위주의 책들은 그 나이에 좋아하기 어렵죠. 그리고 역사 이야기를 유독 좋아했어요. 이유는 잘 모르겠는데, 아마 제가 읽었던 만화들이 정사 위주보다는 야사 위주로, 재미있게 읽을 수 있도록 구성돼 있어서라고 생각해요. 초등학교 고학년부터 중학교 때까지는 소설, 특히 장르소설. 음…… 사춘기 특유의 그, 특별한 사람에 대한 동경과 자기도 그렇지 않을까라는 생각에 부합해서라고 생각해요. 고등학교 때는 인문학, 사회과학 도서들. 이건 제 성향에 맞아서 좋아했어요. 자기에 대한 생각을 할 나이이기도 하고요.

일이 생기면 머리를 벽이나 방바닥에 박는 것이다. 그래서 얻은 별명이 자해공갈단. 제 형 말에 의하면 아주 어려서부터 무슨 게임을 하든지 다섯 살이나 위인 형을 이길 수가 없는데도, 무조건 제가 이길 때까지 게임을 계속하자고 조르더라는 것이다. 하도 지겨우니까 한 번 져주면, 그제야 그만두더라는 것.

다시 말하지만 수빈이는 매를 맞거나 하지는 않았다. 이런 기억이 난다. 아마도 수빈이가 다섯 살이나 되었을까? 나는 여느 때처럼 아이들을 혼내고 있었다. 기억이 분명치 않지만, 형제 간에 뭘 서로 갖고 논다고 싸우다, 두류가 화가 나서 동생을 밀쳐, 수빈이가 울었던 상황이었을 것이다. 나는 형이 돼서 동생에게 그것 하나도 양보하지 못하냐고, 수빈이에겐 형이 놀다 줄 건데 왜 뺏으려고 하느냐고 야단을 쳤다. 두류는 여느 때처럼 별 표정 없이 내가 혼내는 것을 듣고 있는데, 이 다섯 살짜리 꼬맹이가 차렷 자세로 그야말로 '얼음땡'이 돼서 내 말을 듣고 있는 게 아닌가. 몸도 부들부들 떨어가며. 나는 그때야 비로소 큰 소리로 야단치는 것도 아이들에겐 매우 큰 폭력이란 사실을 깨달았다. 그래서 그 뒤로는 큰 소리로 야단치는 것을 좀 자제해야겠다고 생각했고, 매를 드는 것도 조금은 줄어들었다.

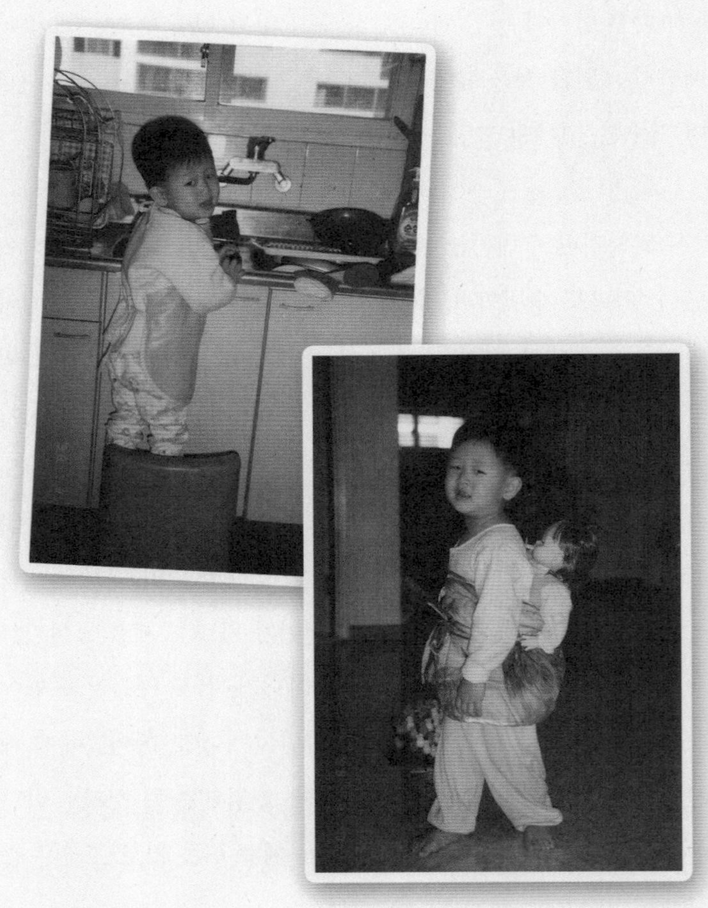

엄마는 양성평등을 가르치기 위해 설거지도 시켜보고, 인형도 업혀줬다. 아이는 곧잘 했지만 나이를 먹자 큰 관심을 보이지 않았다. 이런 일 말고도 엄마는 수빈이에게 좋은 품성을 길러주기 위해 최선을 다했다. 이런 엄마의 노력이 모이고 쌓여 엄하고 모진 아버지를 이겨낼 수 있는 힘이 길러지게 됐으리라.

얼굴도 밝고 검도 1단도 따는 등 나는 아이가 잘 큰다고 생각했다. 아이를 세심하게 관찰하지도, 소통하지도 않았으니 알 도리가 있겠는가. 그래도 나는 좋은 아빠일거라는 착각에 빠져 살았다.

충격, 학생의 자존감이 낮습니다

말로는 쉽지만 실제로야 잘되었겠는가. 자주 소리 지르고 폭력적인 모습을 많이도 보여주었을 것이다. 아무튼 나는 좋은 아빠일 거라고 황당한 착각에 빠져 살던 2009년, 그러니까 수빈이가 중학교 2학년이던 여름방학이었다. 나는 수빈이에게 한겨레신문사에서 주최한, '스스로 공부하기'란 주제의 캠프를 가라고 권했고, 그 캠프가 열렸던 천안까지 아이를 태워다 줬다. 2박3일 캠프가 끝나고도 한참이 지난 뒤에, 캠프에서 두툼한 편지가 왔다. 그 안에는 정말이지 충격적인 보고가 들어 있었다.

캠프에서 적성검사와 인성검사, 심리 검사를 치렀는데, 그중 심리검사 결과를 잊을 수가 없다. 내가 충격을 받은 것은 딱 두 줄이었다.

'학생이 아버지를 무서워합니다.'

'학생의 자존감이 낮습니다.'

나는 그때야 깨달았다. 내가 바로 아이를 서서히 목 졸라 죽이고 있다는 사실을. 불현듯 나는 있는 대로 소리를 지르고, 수빈이는 차렷 자세로 부들부들 떨고 있는 모습이 떠올랐다.

'나란 자는 아이를 공포에 몰아넣는 그걸 교육이라고 알고 있는 정말 나쁜 아버지구나.'

목울대 깊숙한 곳에서 신물이 넘어왔다. 나 자신에 대한 환멸과 후회가 뼛속까지 스며들었다. 나는 진심으로 깊이 반성했고, 앞으론 아이들에게 소리를 지르거나 매를 들지 않기로 굳게 마음먹었다. 사람이란 쉽게 바뀌지 않는 존재라서, 그 마음을 늘 지킬 수 있었던 것은 아니지만, 나는 그럭저럭 폭력 아버지에서 지켜보고 대화하고 사랑한다고 말해주는 아버지 쪽으로 넘어왔다. 수빈이가 올해 대학 수능에서 괄목할 만한 성적을 거둔 까닭 중 하나는, 내가 먼저 아이들을 믿고, 그들이 사소한 잘못을 하더라도 지나치게 화를 내지 않고, 아빠는 어떤 일이 있어도 네 편이라고 입버릇처럼 말해주고, 사랑하고 축복한다고 아침마다 안아주며 말했던 내 태도의 변화에도 있다고 생각한다.

50년을 넘게 산 나도 매사에 실수투성인데 이제 세상을 배워나가는 아이들이 왜 실수와 잘못을 하지 않겠는가. 잘못하고 그것을 모면하기 위해 또 거짓말도 한다. 그래서 어른들께서 '알고도 속고 모르고도 속고'라고 하셨던 것 아닌가. 앞에서 말했지만, 아버지는 사회성을 키워줘야 하는 사람이다. 사회성이란 결국 자기 것을 양보하는 태도에서 비롯하며, 바꿔 말하면 이기심을 자제하는 것이 사회성의 출발이다. 부모의 성 역할을 굳이 구분할 것은 없겠지만, 고래로 아버지의 금지와 어머니의 격려 속에서 아이가 바르게 자라는 것을 음양의 이치로 보아도 맞다.

참담하고 처절한

하지만 아버지의 금지와 통제는 반드시 관용과 인정이라는 원칙에 따라 이뤄져야 할 것이다. 관용은 아이가 실수할 수 있고 또 그 실수를 바로잡을 수 있는 능력도 갖추고 있음을 아버지가 이해하고 있다는 것을 가리킨다. 인정은 사랑의 다른 표현이다. 그것이 없는 금지와 통제는 아버지를 무서운 사람으로 각인시켜 아이를 제 맘대로 휘두르겠다는 폭력 그 이상도 이하도 아니다. 내가 아버지의 엄격한 교육 방침과 때론 지나치다 싶을 정도의 체벌, 내 가능성을 시험 성적으로만 따지는 모습에 반발했던 것을 죄다 잊어버리고 아이들에게 더한 억압과 금지를 강제한 결과가 수빈이의 낮은 자존감과 아버지에 대한 두려움으로 나타난 것이 아닌가. 나는 정말이지 참담한 심정이었고, 처절하게 반성했다.

그리고 이런 반성은 늘 무섭기만 했던 아버지의 급격한 쇠락과 더불어, 당신과 화해를 할 수 있는 계기를 만들어주기도 했다.

3부

수빈이가 달라졌어요

아침에 밥을 먹는 습관을 들인 아이와 그렇지 않은 아이를 3년간 경쟁시키면, 다른 조건이 같다고 전제할 때, 아침밥 먹는 아이가 이긴다. 여기서 밥이란 그냥 우리 밥을 말한다. 콘플레이크를 우유에 말아 먹거나 빵을 먹는 것은 밥 먹는 게 아니다. 아침 급식의 중요성에 대한 실험 결과가 있다. 미국에서 두 학교를 놓고 한 군데는 아침 급식을 하고, 다른 학교는 급식 없이 수업을 한 뒤 6개월이 지나고 같은 시험을 봤다. 아침 급식을 한 학교가 7% 정도 높은 성적을 거뒀다고 한다. 우리나라에서도 아침에 밥을 먹는 중학생과 거르는 학생 사이엔 수학능력이 40%까지 차이가 난다는 연구결과가 나와 있다.

책 그만 읽고 어서 자

수빈이가 달라졌어요

아침은 먹고 학교 가야

" 책 그만 읽고 어서 자
수빈이가 달라졌어요
아침은 먹고 학교 가야 "

7장

책 그만 읽고 어서 자

• • •

아버지의 쇠락

내가 중학교 2학년 때 어머님은 중풍을 맞았다. 중풍이란 말 자체가 풍風에 얻어맞았단(中) 뜻이고, 영어로는 CVA(Cerebrovascular accident 뇌혈관질환)라고 하기도 하고 스트로크Stroke라고도 부르니까, 얻어맞았단 표현이 과장은 아니다. 다행히 3년 정도 재활을 통해 거의 원상으로 회복되셨는데, 내가 고등학교 3학년이던 1981년에 들이닥친 두 번째 뇌출혈은 어떻게 손써볼 수 없을 만큼 심각했다. 병원에선 가망이 없으니 집으로 모시라 했고, 산소 호흡기를 떼자 그만 유언도 남기지 못하고 돌아가시고야 말았다.

졸지에 아내를 잃은 뒤로 아버지는 정말이지 급격하게 쇠락했다.

그전에 벌어둔 돈을 이런저런 사기로 날리고, 마지막 쌈짓돈까지 자식들 학비로 다 들이밀고 나자, 그 강했던 아버지가 삭은 쭉정이처럼 쪼그라들었다. 아버지는 어머니께서 돌아가신 뒤로 16년간 홀아비 신세로 살았다. 사람을 들여 보기도 했지만 다들 오래가지 못했다. 열 효자보다 악처 한 명이 낫다는 말은 틀리지 않지만, 당신이 가진 돈도 없고, 자식도 그런 쪽으론 많이 무능해서, 다들 오래 계시지 못했다. 옛날부터 홀시아버지를 모실래, 벼람박(바람벽의 충청도 방언)을 올라갈래? 하면 벼람박을 탄다는 말이 있다. 초년출세出世, 중년상처喪妻, 노년무전無錢이 남자가 피해야 할 3대 흉사라 했건만, 아버지는 중년에 아내를 잃고 노년에 빈곤해진 데다, 큰 수술까지 받아 그야말로 운신이 어려운 상태가 되셨으니…… 강한 분이라 그런 상황을 꾹 견뎌내셨지만 가슴이 아팠다.

'대퇴골두의 무혈성괴사'라는 긴 이름을 가진 병은 넓적다리뼈가 썩어서 인공관절로 갈아 끼워야 하는, 정형외과 수술 중에서도 가장 큰 수술에 속하는 병이다. 양쪽 모두에 그 병이 왔다. 90년, 91년 두 번 수술을 했다. 수술은 비교적 잘됐다고 했지만, 아버지는 길고 고통스러운 재활과정을 잘해내지 못하셨다. 통증은 줄어들었지만 시간이 지날수록 아버지는 걸음이 불편해서 종일 누워 계시는 상황이 됐다. 당신 방에서 화장실까지 고작 대여섯 걸음도 안 되는 거리였지만, 그게 재 너머 있는 묵정밭보다도 멀었다. 자연 속옷을 버리는 일도 잦았다. 더러워진 아버지 속옷을 아내에게 빨라고 내

밀 수는 없었다. 적어도 내 아버지가 입다가 더러워진 속옷까지 아내에게 손빨래하라고 내밀 수 없었다. 그건 내 자존심 문제이기도 했다.

그나마 한 아들 노릇

수술 이후로 아버지를 목욕시켜드리고 속옷을 빠는 일은 내 중요한 하루 일과가 됐다. 저녁에 약속이 생길 것 같으면, 점심시간에 들어와 목욕을 시켜드리고 나갔다. 욕조에 더운물을 받아두라고 전화하고 와서, 식구들은 방 안에 있으라 하고는, 아버지를 업어 욕조에 뉘인 다음, 조물조물 손빨래를 했다. 두류나 수빈이 똥 기저귀를 빨 때처럼 아무렇지도 않았다. 솔로 털어내고 손으로 주무르고 깨끗한 물로 여러 번 행구면 세탁기에 넣고 돌려도 될 정도로 깨끗해졌다. 아버지는 그런 나를 그저 물끄러미 바라다보시곤 했다. 어쩌다 피치 못할 약속이 생겨 늦게 돌아오는 날도 많았다. 아비가 기다리는 것도 모르고 이제야 오느냐고 걱정하시는 아버지에게 죄송했다. 그래서 어떻게 해서든 하루에 한 번 목욕하고 빨래하는 일만큼은 빠트리지 않으려고 애를 썼다.

보행이 아주 불편해진 것은 1991년부터였다. 그때부터 돌아가신 97년까지 매일 아버지를 업고 목욕탕에 갔다. 나로선 그게 아버지와 나눈 유일한 교감이었다. 당신은 아무 낙도 없이 그저 침대에 누워 담배를 피면서 티브이를 보는 게 유일한 활동이었고, 나는 다녀오겠습니다, 다녀왔습니다, 인사드리는 게 대화의 전부였다. 무섭고 어려운 아버지는 당신이 운신이 불편한 상태가 됐다고 변하지 않았다. 끼니때에도 나와 아버지가 겸상을 받고 아내는 어린 두 아이와 소반에 밥을 놓고 먹었지만, 우리 부자는 식사 중에 별 말이 없었다.

그러던 어느 날, 점심때 집에 들러 목욕을 시켜드리려 했는데 그날따라 환자가 많았다. 저녁에는 빠질 수 없는 회의가 있었다. 이어진 술자리에서 11시가 넘어서야 오늘 아버지 목욕을 빠트린 게 생각이 났다. 허겁지겁 돌아와 보니 초저녁잠이 많으신 아버지가 아직 깨어 계셨다. 나는 대강 양치를 해서 입을 헹구고, 죄송하다고 얼른 목욕하시자고 서둘렀다. 아버지는 분명히 많이 언짢으셨겠지만, 별말씀 없이 내 등에 업혀 욕실로 갔고, 탕으로 들어가서 얼마 뒤부터 조금 코를 골며 주무셨다. 겨울이라 내복도 입어서 빨랫감이 많았다. 탕 속에서 주무시는 아버지를 조심해서 안았다. 원래 체구도 자그마한 분이셨지만 마른 장작개비처럼 번쩍 들리는 그 가벼움에 콧날이 시큰했다.

침대에 누이고 속옷과 내복을 갈아입혀드리자 아버지는 바로 잠이 드셨다. 나는 빨래를 다 널고 형광등 스위치를 딸각 껐다. 동으로 난 조그만 창으로 은회색 달빛이 내려와 쌓였다. 나는 방문을 열고 나가려다 다시 문을 닫고, 아버지 침대 옆에 쪼그려 앉았다. 이불 밖으로 아버지의 메마르고 차가운 손이 나와 있었다. 평생 쉬지 않았던 노동으로 거칠고 갈라지고 흉터 가득한 그 손을 어루만지는데 눈물이 났다. 울면서 내가 단 한 번도 아버지에게 하지 않았던, 아니 못했던 말씀을 드렸다

"아버지, 왜 그렇게 모질게 하셨어요……."

"아버지, 사랑합니다……."

그날 이후로 나는 아버지와 화해했다. 아버지를 모시고 유성온천에도 가고 식사도 하러 갔다. 아버지는 내 생각처럼 그렇게 무섭고 두려운 분이 아니었다. 어려운 분이기는 했지만, 나는 아버지를 더는 원망하거나 무서워 피하지는 않았다. 이제 와 생각하면 당신 생전에 밝게 웃으며 "아버지, 사랑해요."라고 말씀드리지 못한 아쉬움이 있지만, 그건 차마 입 밖에 내질 못했다. 내가 참말로 바보다.

아버지는 1997년 3월 29일 토요일, 당신이 태어나신 날에 편하게 돌아가셨다. 이역만리에서 날아온 큰아들을 기어이 만나시고, 천하에 둘도 없는 효자 소리를 듣던 작은형과 임종의 순간 너무 눈물이 나서 잠깐 방을 나온 나에겐, "잘들 살아라" 한마디도 안 해 주시고. 돌이켜 생각하면 아버지께선 나에게 당신을 넘어 더 큰 세상으로 나가란 가르침을 부단히 해주셨건만, 어리석은 내가 그 가르침

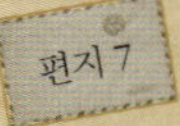

아버지는 꾸준히 무서웠어요

아빠: 네가 기억이 나는 한 가장 어릴 때부터 초등학교 저학년까지 어린 시절에 아버지, 또는 부모님에게 어떤 기억이 있는지? 이를테면 다섯 살 때 아버지가 형이랑 나를 혼냈다, 형이 맞았다, 나도 잘못하면 맞겠구나, 무섭고 두려웠다…….

아들: 강한 인상이 남은 기억들은 시간이 지나도 기억하고 있어서 아버지에 대한 '무섭다'란 기억이 있어요. 여덟 살쯤이었던 걸로 기억하는데, 문방구에서 먹을 걸 훔치다가 걸리고, 울던 기억이 있어요. 그때 부모님께 무지하게 혼나던 기억, 뭐 이런 기억들이죠. 태국 여행 갔을 때 원인조차 기억이 안 나지만 아버지가 화내시던 기억들. 긍정적인 아버지와 둘이서의 추억은 그다지 없어요. 저는 아버지를, 꾸준히 무서워했어요. 이 정도의 기억이 있어요.

을 제대로 새기지 못한 것이건만, 나는 아버지를 원망만 하고 있었다. 내가 아버님의 가르침을 잘 따랐다면, 수빈이를 자존감 낮은 아이로, 아버지를 무서워하는 아이로 키우지는 않았을 것이다.

책 그만 읽고 어서 자

수빈이는 나를 많이 닮았다. 얼굴 생김새부터 목소리나 하는 짓도
빼다 박았다. 제 형은 엄마 쪽이라 얼굴도 갸름하고 이목구비가 수
려한데, 어째 생긴 건 넙데데하고 목소리는 중저음인 아버지를 닮
았는지 미안할 따름이다. 대머리는 유전이 안 되길 빌 뿐. 이런 수
빈이는 책읽기를 좋아하는 것도 닮아서, 어려서 제법 독하게 책을
읽었던 나를 보는 것처럼, 아니 나보다 더 심하게 책읽기에 몰두했
다. 제 형 때의 아픔이 있어서 학교 들어가기 전에 아내는 수빈이에
게 한글을 가르치고 동화책을 읽어주었다. 그런데 놀랍게도 대여섯
살 어린아이가 꼼짝 않고 책을 몇 시간이고 읽는 신통한 집중력을
보여주었다. 보리출판사에서 나온 세밀화가 곁들어진 어린이용 동
화책을 특히 좋아했고, 다른 아이들처럼 공룡 이야기도 매우 좋아
했다.

내가 다시 대전으로 돌아와서 한의원을 개업했을 때 수빈이는 초
등학교에 입학했는데, 그즈음에는 만화책을 읽었다. 《맹꽁이 서당》
을 위시해서 나중엔 학습만화로 옮겨갔고, 특히 역사 만화를 좋아
했다. '한 권으로 읽는 신라 천 년' 부류의 책들인데, 과장 없이 말
하건대 모든 역사 만화를 백 번도 넘게 읽었을 것이다. 나중엔 책이
나달나달해질 때까지 읽어서 어떤 책들은 다시 사줘야 하기도 했
다. 그야말로 위편삼절 하도록 책을 읽었다. 초등학교 2~3학년이

되자 당시 유행하던 '앗! 시리즈'를 사줬다. 전집을 살 때는 아이가
질리지 않도록 열 권, 스무 권씩 사주는 게 우리 내외의 원칙이었는
데, '앗! 시리즈' 역시 백 번 넘게 읽고 또 읽고를 반복했다. 밥 먹
으란 말도 들리지 않는지, 제 방에 들어박혀서 키득키득거리며 책
을 읽는 어린 수빈이 모습이 지금도 눈에 선하다. 다른 집 아이들은
책을 많이 읽지 않아서 걱정이라는데, 우리 집에선 책 좀 그만 읽으
라고 성화를 해야 겨우 불을 끄고 잠을 잘 정도였다. 나중엔 자는
척하다가 다시 스탠드를 켜고 책을 읽기도 하는 눈치였으니, 가히
서음書淫이라 할 단계까지 갔던 것 같다.

그것 말고는 딱히 두드러진 구석은 없었다. 보통 다른 아이들과
다를 바 없었다. 게임에 아주 열을 올리지 않았지만, 형 따라서 피
시방 가는 것을 좋아했고, 형을 많이 따르고 잘 어울려 놀았다. 교
우관계를 보면 친구 폭이 아주 넓은 것은 아니었지만, 어울리는 아
이들과는 크게 다투거나 하지 않고 잘 어울렸다. 전체적으로 보면
책읽기를 좋아하고 말수가 많지 않은 수수한 보통 아이였다. 앞에
서 말씀드린 대로 내가 너무 울적한 상황이었고 바쁘기도 해서, 수
빈이가 어떤 아이인지를 잘 간파하지 못한 것도 있을 것이다. 그리
고 또 한 가지. 수빈이는 초등학교 2학년 때부터 본의 아니게 외둥
이로 3년을 살았다. 늘 함께 놀던 형이 없어서 외로운 터라 책읽기
에 더 깊이 빠져든 것은 아닌지 모르겠다.

강하게 키우려면 여행을

수빈이가 초등학교 2학년 때, 나는 중학생이 된 큰아이를 뉴질랜드로 보냈다. 여러 가지 이유가 있었지만, 수학이 가장 큰 문제였다. 사교육을 시키지 않으면 따라가질 못할 정도로 중학교 수학이 어려워진 것이다. 내가 직접 중학교 참고서를 공부해서 가르쳐보기도 했는데, 아내에게 자동차 운전을 가르치는 게 낫지, 아들에게 아버지가 과외 하는 건 정말 추천할 게 못 된다. 배우는 쪽이 천하 영재거나 아버지의 교수법이 정말 좋은 게 아니라면, 부자지간에 상처만 남는다. 두류에게 수학을 가르쳐보니 앞에서는 아는 것 같은데 돌아서면 다시 틀리고, 조금만 문제를 꼬아 내면 풀지 못했다. 그런 형편이니 저도 답답할 노릇이고 나는 화가 나는 게 빤하지 않겠는가. 나중엔 두류가 눈물을 뚝뚝 흘리면서, "아버지 저 그냥 학원 보내주세요." 하는데 내 가슴이 다 먹먹했다. 어떻게 할까. 수학을 따라가지 못하면 좋은 성적을 바랄 수 없다. 그렇다고 원칙을 저버리고 학원을 보낼 수도 없었다. 이제 중학생이 된 아이를 학원으로 내몰아 뺑뺑이를 돌리자니 남은 세월이 6년이나 됐다. 나는 고민에 빠졌다.

이런저런 생각 끝에 중학교 1학기를 마친 두류와 함께 뉴질랜드로 갔다. 뉴질랜드의 수도는 웰링턴이지만 가장 큰 도시인 오클랜드에는, 이미 십여 년 전에 선교 이민을 결정한 큰형님이 가난하지만, 정말 열정적으로 개척교회를 꾸려가고 있었다. 현지 학교에 데리고 가서 하루 체험을 하고, 한국에서 학교 다닐래, 여기서 다닐래? 물었다. 두류는 두말없이 뉴질랜드에 남겠다고 대답했다. 영어도 제대로 못하는 아이가 무슨 배짱으로 그렇게 말했을까. 무서운 아버지도 이유였을 것이고, 억압적이지 않은 분위기도 좋았을 것이다. 그리고 도전을 두려워하지 않는 두류의 기질도 한몫했을 것이고.

나는 아이들을 키우면서 가훈을 이렇게 정했다. 자기 삶을 행복하게 살고 이웃을 사랑하는 민주시민이 되자. 자기 삶이 행복해지기 위한 가장 기본적인 조건은 스스로 삶의 주인이 되어 사는 것이다. 타인의 바람대로 사는 게 아니라 자기의 욕망에 충실하고 자기의 꿈을 좇되, 타인에게 폐를 끼치지 않는 사람. 민주공화국의 시민으로서 마땅한 의무와 권리에 충실한 사람으로 키우고 싶었다. 그래서 나는 아이들이 초등학교에 다닐 때 국토종단을 하도록 했다. 두류는 두 번 국토종단 경험이 있었고, 수빈이도 초등학교 6학년 때 해남 땅끝에서 서울까지 걸었다. 나도 교수직을 사임하고 개업 준비를 하면서 땅끝에서 임진각까지 걸었다. 그런 경험을 통해서 스스로 자기 삶의 주인이 되는 법을 배우기 바랐다.

내 경험상 여행만큼 사람을 깊어지게 하는 것도 드물다. 아이를 강하게 키우고 싶다면 마땅히 여행을, 제 혼자 떠나는 여행을 보낼

병원장을 사임하고 대전으로 돌아와 개업준비하면서 해남 땅끝마을에서 임진각까지 20일간 국토종단을 했다.

수빈이는 국토대장정을 하는 것이 '한씨 남자들의 전통'이라고 말했다. 성인인 내가 걸어도 쉽지 않았던 거리를 두 아이는 씩씩하게 걸었다. 왼쪽 사진 3장은 큰애, 오른쪽 사진은 수빈이 국토 종단 기록이다.

일이다. 물론 어리니까 누군가 돌봐줄 사람이 필요하지만, 부모와 함께 가는 여행이 아니라 혼자 떠나는 여행을 가야만 마음의 키가 자란다. 나는 두류가 초등학교 4학년 때부터 서울에서 김제까지 혼자 버스 태워 보냈다. 중학교 다닐 때는 뉴질랜드에서 혼자 비행기를 타고 집까지 오도록 했다. 그런 경험을 아이들도, 나도 당연하게 여겼다. 수빈이가 초등학교 6학년 때 "국토종단 할래?" 물었더니, 한 씨 남자들은 당연히 가야 하는 거 아니냐고 말해서 우리를 웃겼다.

내가 존경하는 선배님 중 한 분은 아이가 초등학생인데 혼자 히말라야 트레킹을 보냈다. 곳곳에서 좋은 멘토를 많이 만나 트레킹도 잘 마쳤고, 다음에 또 여행을 혼자 보내달라는 이 대단한 소년을 보면서, 과연 여행은 사람을 단련시키는 가장 좋은 방법 중 하나란 사실을 다시 확인하게 된다. 요즘 인기 절정인 프로그램 제목을 빌자면, 책보다 여행이다. 두류도 수빈이도 15일 동안 형, 누나 사이에 끼어서 국토종단을 하고 온 뒤로 한 뼘씩 웃자란 마음의 키를 유쾌하게 확인할 수 있었다.

———

8장

수빈이가 달라졌어요

● ● ●

자책과 후회, 불면의 밤

두류가 뉴질랜드 현지 백인 가정에 머물며 중학교에 다니는 동안 수빈이는 초등학교에 다니면서 꾸준하게 책을 읽었다. 두류 때는 여러 일이 많았는데, 수빈이 초등학교 때는 아무리 생각해보려고 해도, 기억에 남는 특별한 일화가 없다. 그냥 다른 여느 보통 아이들처럼 잘 먹고 잘 자고 잘 놀고, 그런데 책은 제법 열심히 읽는 그런 아이였기 때문일 것이다. 책과 관련된 일화들, 그러니까 동화책에서 다양한 만화책을 거쳐, 소년소녀 문학 전집 부류의 책들과 추리소설, '앗! 시리즈' 등을 부지런히 주문한 기억만 난다.

두류는 중학교 과정을 마친 뒤, 고등학교는 우리나라에서 다니고 싶다고 돌아왔는데 고등학교에 진학해서는 학업에 큰 성취를 보이지 못했다. 초등학교 다닐 때는 제법 잘한다는 소리도 들었는데, 중학 과정을 외국에서 나왔고, 공부에 취미가 없어서 그렇겠거니 하고 말았다. 이런 성적은 좀 심하지 않으냐고 한두 번 나무라기는 했지만, 성적 가지고 아이들을 혼내진 않겠다는 내 생각은 비교적 잘 지킨 듯하다. 수빈이도 마찬가지였다. 성적이 좋다고 기뻐해본 기억은 잘 나지 않는다.

자기주도 학습이란 타이틀이 그럴듯하고, 유명한 일간지에서 주관하는 캠프라니 아주 헛방은 아니겠지 싶어서 2박3일로 보낸 수빈이 학습캠프에서, 정수리에 대침 한 방을 얻어맞은 것처럼 충격적인 결과지가 날아온 것은, 그렇게 시간이 지나 두류가 고등학교 3학년, 수빈이는 중학교 2학년이 되던 늦여름이었다. 자존감이 낮고 아버지를 무서워한다는 보고서는 나에게 정말로 큰 충격을 주었다. 몇 날 며칠에 걸쳐 술도 마시지 않고 나를 되돌아보았다.

아이가 자존감이 낮다니. 내 교육 방침이 얼마나 잘못된 것이었기에 그런 결과를 낳았단 말인가. 내가 얼마나 아이를 윽박지르고, 사랑으로 대하지 않고 미워했기에, 아버지를 무서워한다는 결과가 나온 것인가. 부자지간에 친구처럼 지내진 못할망정 무서워하다니. 아무리 생각해도 자존감이 낮은 이유는 나 말고 찾을 수 없었다. 내가 아이들을 사지로 몰아넣고 있었구나. 가장이란 이름에 권위와 강제를 덧칠하고 나 좋은 대로만 아이들을 통제하고 이리저리 몰고 다녔다는 자책과 후회로 불면의 밤들이 이어졌다.

농담으로도 성적 이야기는 하지 말자

나는 그 뒤로 성적 이야기는 농담으로라도 하지 않기로 방침을 세웠다. 아이들이 학교에 가려고 이른 아침을 먹을 때, 전날 아무리 술을 마시고 들어왔어도, 함께 일어나 아침을 먹었다. 그리고 현관에 서서 학교에 간다고 서두르는 아이들을 꼭 안아주면서 사랑한다고, 아빠가 너희를 축복한다고, 무슨 일이 있어도 아빠는 너희 편이라고 말했다. 처음엔 아이들도 어색하고, 말하는 나도 쑥스러웠지만, 그런 걸 가릴 계제가 아니었다. 내 아이가 자존감이 낮다는데, 무슨 생각을 어떻게 할지 모르는데, 내가 할 수 있는 것은 무엇이든 해야 하지 않겠는가 싶었다.

지금 와서 생각하면 사실 난 좀 절박한 심정이었다. 학교 성적이 안 좋게 나왔다고, 아이들에게 왕따를 당해서, 그 외의 무수한 이유로 아이들이 아파트 옥상에서 뛰어내렸다는 뉴스를 보면, 꼭 내 일만 같아서 가슴이 철렁 내려앉곤 했다. 수빈이가 아침에 학교에 갈 때마다 현관에서 수빈이를 꼭 안아주며 말했다.

"널 사랑한다, 아빠가 축복한다, 오늘도 즐겁게 지내다 오렴."

수빈이는 건성으로 들었는지 모르겠지만, 난 절박한 마음이었다.

내가 할 수 있는 일은 사실 그것뿐이기도 했다. 두류와는 달라서 수빈이랑은 어떻게 이야기를 풀어가야 할지 잘 몰랐다. 성적 이야기 안 하고, 안아주고, 축복해주는 일 말고 내가 할 수 있는 게 별로 없었다.

그전에도 두류에게 용서를 빌었지만, 그때 다시 진지하게 용서를 구했다.

"아빠가 미숙해서 너에게 큰 잘못을 했어. 이렇게 시간이 많이 지난 뒤에 사과한다고 네 상처가 지워지지는 않겠지만, 아빠가 잘못했다. 앞으론 절대로 그런 일이 없도록 할 테니 용서해주렴."

두류는 괜찮다고, 다 잊었다고 말해주었지만 나는 안다. 그 일은 결코 잊을 수도 지워지지도 않는 상처임을. 아버지에게 버림받았다는 자각은 살아가면서 심하게 자기 자신을 왜곡시킨다. 나 또한 어려서 겪었던 트라우마로 비정상적인 행동을 지금까지 하고 있으니 말이다. 부디 내 아들 두류가 그 기억에서 조금이라도 자유로워지길, 살아가면서 중요한 결정을 내릴 때 그 기억이 부정적인 영향을 끼치지 않길, 스스로 삶의 주인이 되어 살길 바라마지 않는다.

사춘기를 혼자 건넌 아이

내가 그렇게 뒤늦은 후회를 하고 있었을 때 중학교 2학년인 수빈이
는 사춘기를 지나고 있었다. 그러나 우리 가족 아무도 수빈이의 사
춘기에 대해 알지 못했다.

"사실은 제가 그때 사춘기를 지나고 있었어요."

고등학교 3학년이 된 수빈이가 그때 자기를 그냥 내버려둬서 고
맙다고 말해 뒤늦게 알게 된 것이다. 둘째가 고등학교를 마치는 이
즈음에야 알게 된 사실인데, 아이를 키우는 원칙은 때에 따라 달라
야 한다. 어려서는 무조건 함께 놀아주고 격려해주고 게임의 법칙
을 지키도록 해줘야 한다면, 사춘기 때는 놓아주되 지켜봐야 한다.
그리고 부모가 너를 진심으로 사랑하고 있고, 너를 지지한다는 메
시지를 끊임없이 보내야 한다. 현직 교사로 문제 학생을 많이 지도
한 선생님께 직접 들은 이야기다. 부모 중 한 명만이라도 진심으로
아이를 믿어주면, 그 아이는 반드시 돌아온다.

'어린아이를 물가에 내놓은 부모의 마음'이란 표현이 있는데, 정
말 아이가 물가에서 놀고 있을 때 부모는 어떻게 해야 할까. 물에
빠져 죽을 수 있으니 아예 물가에 내보내지 않는 게 좋을까? 그러
면 그 아이는 영영 수영을 배울 수도, 물고기를 잡는 법도 배울 수
없을 것이다. 같이 물에서 놀아주면서 자연스럽게 물을 두려워하지
않게 되고, 자맥질로 강바닥까지 내려가 볼 수 있도록 도와주는 것

이 아이에겐 최선일 터. 나는 더러 수빈이에게 방을 너무 어지르고
다닌다고 싫은 소리를 하곤 했지만, 다른 일로는 크게 나무라지 않
고 그냥 지켜보았다. 사랑한다고 말하면서 안아주는 것만 매일 반
복했다. 수빈이도 어느새 아빠랑 하는 스킨십을 마냥 싫어하지 않
는 단계까지 나갔다. 나를 보며 웃어주는 횟수도 늘었다.

우리 애들은 공부는 별로인가보다

중학교 3학년을 마칠 때쯤 수빈이 성적은 중간 이하였다. 전체 300명 중에서 국영수만 보자면 200등에 가까웠다. 당시 아내와 나는 수빈이가 대전에 있는 국립대만 가도 좋겠다는 이야기를 했지만, 사실 고등학교에 가서도 그런 성적이라면 국립대 진학은 불가능하다고 봐야 했다. 대학은 엄청나게 늘었지만, 취업이 잘되는 대학에 들어가는 것은 매우 어려운 일이 돼버린 것이다. 서울에 살고 있어도 자식이 서울에 있는 대학에 가는 일이 절대로 쉽지 않은 요즘이다. 아이엠에프 사태를 겪으면서 우리 사회는 소위 근대화 국면을 완전히 뒤엎고 시장만능주의 사회가 되어버렸건만, 사회보장은 초라하고 쓸 만한 일자리는 갈수록 줄어든다. 그러니 좋은 직장으로 이어지는 대학에 진학하기가 왜 어렵지 않겠는가.

우리 내외가 고등학교에 다닐 때와는 전혀 다른 입시환경이 돼버렸음에도, 나도 아내도 아이들 입시에는 별 관심을 기울이지 않았다. 큰아들이 고등학교 3학년일 때도 수험생 대접이라곤 먹기 싫다는 아침밥을 챙겨 먹인 정도가 고작일 것이다. 공부에 큰 열의를 보이지 않았던 두류는 결국 3년제 간호전문대에 진학했는데, 군대에 다녀오는 사이 학교가 4년제가 되는 바람에 얼결에 정식 4년제 대학생으로 승급했다. 운이 좋다고 할밖에.

고등학교 3학년인 형도 중학교 2학년인 아우도 공부에 별 관심이 없는 데다 부모도 천하태평이라서, 우리 집은 공부는 별론가보다고 깔깔 웃으며 하루하루가 평범하게 흘러갔다. 창피한 이야기지만, 아내 친구들이 너희 집 아이는 왜 그렇게 공부를 못하냐고 핀잔을 주기도 했다는데, 아니 아이가 자존감이 낮다는데 뭔 놈의 공부냐 말이다. 그냥 건강하게 자라만 줘도 고맙고 감사한 일 아닌가? 나는 진심으로 그렇게 생각했고, 그렇게 자라준 아이들이 매우 고마웠다. 한의원도 그럭저럭 굴러갔고, 아이들도 무탈하게 자라는 중이었다. 내 사나운 자의식이 키운 왕벌 두 마리는 여전히 머릿속에서 붕붕댔지만, 새벽녘의 이명처럼 아주 괴롭지는 않았다. 마흔 중반을 돌아 쉰을 바라볼 때쯤, 큰애는 군대에 갔고, 수빈이는 드디어 고등학교에 들어갔다.

전교 7등이라니?

그리고 맞이한 고등학교 1학년 4월 모의고사에서 수빈이는 기적처럼 전교 7등이란 놀라운 성적을 거뒀다. 우리는 솔직히 반신반의했다. 그런 성적이 나올 수가 없었기 때문이다. 수빈이는 원칙을 깨고 중학교 다닐 때 수학 학원엘 다니긴 했다. 사교육은 하지 않겠다는 내 원칙은 그냥 허울 좋은 것에 불과했다. 하지만 그것 말고는 별다른 사교육을 받지 않았는데, 중학교 졸업 당시에도 200등 언저리에 있던 아이가 어떻게 그런 성적을 거둘 수 있는 것인지, 우리 내외는 어안이 벙벙할 뿐이었다. 그 뒤로 때로는 국어, 때로는 영어 학원에 다녔지만, 수빈이는 많아야 두 과목 정도를 동시에 들었을 뿐이고, 고등학교 3학년에 올라가서야 그것도 중반에 가서야 국영수 세 과목 모두 사교육을 받았다. 그런 걸 생각하면 고등학교 1학년 때 4월의 전교 7등이란 성적은 어떻게 이런 일이 벌어질 수가 있는 거지? 싶기만 했다.

내가 공부에 대해 아는 거라곤 딱 두 가지다. 수업 시간에 집중해서 듣고, 돌아와 반복해서 외우면 성적은 올라간다. 하지만 수학은 그러기 어려운 과목이고, 국어나 영어도 최상위권으로 올라가자면 단시간에 정복할 수 없는 과목이긴 마찬가지다. 하지만 학원 선생님에게 어떻게 선행학습을 이렇게나 하지 않고 중학교 과정을 마쳤느냐는 핀잔을 들을 정도였던 수빈이가 수학에서 그런 성적을 올릴 수 있었는지, 국어와 영어도 고등학교 2학년에 올라가서는 최상위권 성적을 노다지 받아 왔는데, 그런 일이 어떻게 벌어졌는지 나로선 정확한 설명을 하기가 어렵다.

내가 수빈이에게 공부한 이야길 책에 묶어 같이 내자고 말하니, 수빈이가 웃었다.
"제가 공부한 이야기를 쓰는 게 다른 학생들에게 도움이 될지도 잘 모르겠고요. 뭐 조금은 그럴지도 모르죠. 하지만 그 글을 책으로

  성적이 오르면서 자신감을 얻고 열등감을 떨쳐냈어요

아빠: 고등학교 첫 시험에서 갑자기 성적이 올랐는데, 그게 어느 정도 기뻤는지? 그게 얼마나 영향을 미쳤는지?

아들: 처음에는 이거 실감이 안 나더라고요. 제 중학교 3학년 겨울방학 때의 노력에 비해 성적이 제가 생각해도 이상할 정도로 크게 오르니까, 이게 무슨 의미인지도 잘 모르겠고, 이게 맞는지 좀 의심도 되고. 점점 실감이 나면서 기분이 좋아졌어요. 정말 기뻐했는데, 왜냐하면 저의 가치를 인정받았다는 생각이 좀 들었거든요. 중학교 때는 솔직히 제가 무가치한 인간 중에 하나라고 생각했어요. 스스로의 무가치함을 보이기 싫어서, 남이랑 접촉하는 것도 별로 안 좋아했고, 그 부족함을 감추기 위해 잘난 척하며 살아서, 저는 사교성도 부족한 인간이었어요. 그런데 뭐 하나 해보고 나니까, 나도 뭔가에 쓸모 있는 인간이 아닐까 하고 생각했어요. 제 성격 전반이, 이를 계기로 조금씩 변했다고 생각해요. 자신감을 얻으니까, 남을 열등감에 찬 시선으로 바라보지 않게 됐고, 동등한 시선으로 바라볼 수 있게 되니까, 사교성도 좋아지고, 외향성도 드러나고.
고등학교 1학년 3월에 보는 모의고사는 중학교 내용의 점검이라고 볼 수 있어요. 중학교 3학년 겨울방학 때 중학교 교과 내용(주로 수학)을 한 번 본거랑, 독서에서 나오는 시너지 효과가 성적 상승을 만들었는데, 이걸로 생긴 자신감은, 제가 성적이 떨어지거나, 잘 오르지 않을 때도 다음에는 오를 거라고 꾸준하게 믿을 수 있는 기반을 만들어줬어요. 성적, 성격의 변화 모두에 영향을 줬다고 봐요.

묶어서 상업적으로 출판하는 건 반대예요. 그러니까 돈을 내고 사서 읽을 가치는 없어요. 제 공부 이야기는 제가 직접 인터넷 게시판에 올릴까 해요. 궁금한 사람이 있으면 와서 보면 되겠죠."

언제 이 아이가 이렇게 자랐는지 조금 놀랐다. 나는 당연히 동의했고, 그래서 이 책에는 수빈이가 어떻게 공부를 했고, 어떻게 성적을 올렸는지에 대한 구체적인 내용은 없다. 수빈이가 공부 수기를 써서 인터넷에 올릴 것이라는 말씀만 겨우 드리는 점을 너그럽게 용서해주시길 바란다.

(한수빈의 공부법은 네이버 카페 수만휘닷컴 cafe.naver.com/suhui에서 닉네임 '졸리네요'로 검색할 수 있습니다.)

책읽기가 성적 향상의 일등공신

아무튼 수빈이 성적이 갑자기 올라간 까닭을 내 나름대로 정리해보자면 세 가지가 있겠다. 첫 번째이자 가장 큰 이유는 바로, 어려서부터 부지런히 책을 읽은 덕분이다. 수빈이는 고등학교에 다니면서 한국사능력검정시험에서 1급을 받았는데, 다른 아이들도 그런지는 모르겠지만, 국사나 사탐을 가르치는 학원에 다니거나 별도의 과외를 받은 사실이 없다. 그저 오로지 어려서부터 읽었던 역사 만화와, 시험 보기 전에 대충 풀어보고 간 기출문제집이 전부였다. 그런데도 2급 시험은 볼 필요도 없이 2학년 다닐 때 당당하게 1급에 합격했다. 이건 순전히 독서의 힘이 아닐 수 없다. 수빈이가 역사에 특별한 관심과 흥미를 갖지 않았다면, 수능에서 한국사를 선택하지 않을 수도 있었을 것이다. 그런데 2014년 대학 입시에서 서울대학교 응시 자격을 갖추려면 두 가지 시험을 반드시 봐야만 했다. 한국사와 제2외국어. 어려서부터 역사 만화를 좋아하고 열심히 읽었던 것이 주저 없이 한국사를 선택하게 한 큰 동기가 아닐 수 없다. 그덕에 서울대를 써보겠다는 마음을 낼 수 있었을 것이다.

자랑 같아서 죄송하지만, 수빈이의 독서는 실로 방대한 양이어서, 사회상식이랄까 잡학에 특히 능했다. 고등학교 1학년 때 교내 독서 퀴즈대회가 열렸는데, 2학년 형들을 이기고 최우수상을 받기도 했으니 책을 많이 읽기는 한 모양이었다. 도서관 사서로도 줄곧 참여했는데, 독서의 범위뿐만 아니라 깊이도 상당했다. 나도 고등학교 때는 읽을 생각을 하지 않았던 마키아벨리의 《군주론》, 사마천의 《사기》와 같은 고전부터, 마이클 샌델의 《정의란 무엇인가》, 리처드 도킨스의 《이기적 유전자》, 데이비드 밀스의 《우주에는 신이 없다》, 재레드 다이아몬드의 《총, 균, 쇠》 등과 같은 사회과학 서적까지 재미있게 읽어냈다.

책 내용을 이해하는 수준도 그냥 만만하지 않았다. 나도 고등학교 시절, 독서라면 누구에게든 지고 싶지 않다고 할 정도로 열심히 읽었는데, 내가 주로 읽었던 책은 확실히 문학과 역사, 신화에 기울었다면, 수빈이는 중학교 때부터 문학, 역사, 사회과학, 철학, 신학,

수빈이는 초등학교 때부터 광적으로 책을 읽었다. 초등학교 때는 하루에 서너 권씩 1년에 천 권 남짓, 중학교 때는 하루에 한 권, 수험생이 된 고등학교 때도 일주일에 한 권은 읽었다.

수빈이는 초등학교 이후로 꾸준하게 독서일기를 썼다. 물론 대충 읽은 내용만 몇 줄 쓰기도 했지만, 대개는 성실하게 읽은 소감을 기록했다. 우리는 독서일기를 강제한 적이 없는데도 본인이 자발적으로 독서일기를 썼다. 이렇게 길러진 글쓰기 능력은 나중에 서울대학교 논술고사에서 강력한 힘을 발휘했다.

수학 등 학문 전반에 골고루 흥미를 갖고 다양한 책을 읽었다.

이것이 고등학교에 가서 성적을 올리는 데 큰 공헌을 했음은 명백하다. 중학교와 고등학교 시험의 가장 큰 차이는, 고등학교에 가면 급격하게 지문이 길어지고, 문제가 교과 융합적으로 출제되는 경향이 강해진다. 독해능력이 부족하면 시험 문제가 무슨 말을 하는 건지조차 이해하기 힘들게 나온다는 말이다. 무엇을 풀라는 건지 몰라서 답을 골라낼 수가 없기도 하고, 지문을 읽다가 시간을 다 써버려서 시험시간이 부족해 아는 문제도 맞히지 못하게 되는 경우도 많다. 그러니 어려서부터 책읽기를 생활화하는 것이 얼마나 중요한 일이겠는가.

글이 길어져서 다른 두 가지 이유는 다음 장에서 말씀드리기로 한다.

—

9장

아침은 먹고 학교 가야

● ● ●

한약을 꾸준히 복용시키다

두 번째는 한약을 먹은 덕이 조금 있다고 하겠다. 초등학교에 다닐 때는 보통 몸집이었던 수빈이는 중학교 이후로 살이 제법 쪄서, 고등학교에 다닐 때는 비만 소리를 들어도 할 말이 없는 수준까지 뚱뚱해졌다.

나는 대전에 와서 개업한 뒤로 뜻한 바가 있어서, 보약을 쓰지 않고 질병 치료에 집중하는 '고방'이란 한의학 분야에 천착했다. 수빈이는 수독이 많이 낀 상태라서 비만이 오고, 늘 비염과 코골이, 각 성장애에 시달렸다. 나는 수독을 제거하는 한약 중에 대청룡탕가미방이라는, 수빈이 체질에 맞는 약을 처방해서 계속 복용시켰는데, 그 뒤로는 아침에도 잘 일어나고 비만도 더 진행되지 않았으며, 비염과 코골이도 나아졌다.

공진단과 장원단이란 처방을 통해서 체력을 보충하고, 온종일 책상에 앉아서 공부하는 학생들에게 쉽게 나타나는 상기증(상충이라고도 부른다. 쉽게 말하면 머리로 열이 뻗쳐서 머리가 맑지 않고 집중력이 떨어진 상태다.)을 예방하며, 호르몬 분비를 조절해서 지나친 성적 호기심이나 잡념이 들지 않도록 해주었다.

이 두 가지 처방은 임상에서 보약을 쓰지 않는 내가 유이하게 사용하는 보약들이다. 비용이 매우 비싸서 아무에게나 권하기는 어렵지만, 수험생이나 선천적으로 체력이 약한 학생에겐 효과적인 처방이고, 특히 최상위권 학생이라면 체질에 따른 치료용 한약과 더불어 복용하는 것이 좋다.

아이를 믿고 응원하다

수빈이 성적이 고등학교에 가서 수직상승한 까닭 중 마지막은, 내입으로 말하기는 쑥스럽지만, 아이에게 늘 사랑한다고 말해주고, 어떤 일이 있어도 너를 믿고 응원한다고 말하며, 볼 때마다 껴안고 뽀뽀를 하고 부볐던 것이 수빈이의 자존감과 학습의욕을 고취했다고 믿는다. 다른 아이도 그렇겠지만, 특히 수빈이 같은 경우는 아버지의 격려를 통해 자존감을 회복하고, 성적이 오르면서 그 자존감이 더욱 고취되었다, 그렇게 생각한다.

  아빠와 깊은 애기를 하려면 시간이 좀 더 필요해요

아빠: 아빠랑 주로 이야기하는 주제가 성적이나 공부에 관한 것인데, 다른 이야기(친구랑 관계, 스트레스 받는 거, 속에 있는 불만 등등)는 잘하지 않게 된 이유가 무엇인지?

아들: 고등학교에 올라오고서, 아버지랑 사이가 좋아졌죠. 사적인 대화를 어느 정도는 할 수 있는 정도로 사이가 좋아졌어요. 그런데, 제가 아버지를 무서워했고, 친숙하지 않게 여겼던 기간은, 고등학생 이전의 거의 모든 기간이에요. 어릴 적부터 형성된 아버지의 이미지는, 사적인, 정말로 사적인 이야기보다는 그나마 공적인 이야기를 더 하게 만들었죠.

부모가 자식을 사랑하는 것처럼, 자식도 부모를 사랑해요. 하지만, 그 사랑의 형태는 제각각이겠죠. 제가 아버지를 사랑하는 마음은, 친애보다는 경애라고 생각해요. 그래서겠죠. 사적인 이야기를 그다지 많이 하지 않는 것은. 아마 사적인 이야기를 하는 것은, 시간이 좀 더 흐르고 나서, 제가 조금 더 크고 난 뒤의 일이 되리라고 생각해요.

내가 어렸을 때 들었던 옛날이야기 중 의아했던 내용이 있다. 아들이 술친구만 잔뜩 사귀고 진실한 벗을 둘 줄 모르는 것을 걱정한 아버지가 돼지를 잡아서 지게에 짊어지고, 아들 친구들을 함께 찾아간다. 내가 실수로 사람 하나를 죽였는데, 하도 급해서 자네에게 찾아왔다고 하자, 아들 친구들은 모두 손사래를 치면서 어서 나가라고 내쫓았는데, 아버지의 오랜 친구는 그런 일이 있었느냐며 집으로 들어오라고 한다. 이에 아버지가 친구에게 사실을 알리고 돼지를 잡아 잔치했다는 이야기다.

나는 그 이야기를 들었을 때, 아니 사람을 죽였으면 자수를 하라고 권하는 게 좋은 친구 아닌가 싶어서 이야기 속 아버지의 친구가 정말 좋은 친구인지 의심스러웠다. 나이를 먹으니 알겠다. 사랑이란 법과 정의를 넘어서는 것이고, 그래서 가족이나 친구란 일단 내가 잘못 했어도 내 편을 들어주는 사람이란 걸. 그런 일이 있었구나, 얼마나 놀라고 힘들었느냐 다독여주고, 들어와서 우선 밥이라도 먹고 보자고 말하는 사람이어야 한다는 걸.

자수를 권하고 죄에 따라 벌을 받는 것은 그다음 일이다. 얼마나 고통스럽고 힘들었겠냐, 쓰다듬고 위로하고 보듬어주는 것이 먼저다. 그렇게 대할 수 있는 사람이 이 세상엔 딱 둘이라고 본다. 하나는 가족이고, 그 다음은 친구다. 아직 어리고 철이 들지 않아서 사리분별이 어려운 시절에 조그만 실수나 잘못을 했다고, 나처럼 아이에게 모진 매를 때리고 큰소리로 시비를 따지고 조그만 정의를 세우려고 들면, 대체 그 아이는 어디에서 위안을 받을 것인가. 아버지는 자식이 잘못하면 마땅히 그 책임을 나눠서 져야 하는 사람이다. 책임을 나눠서 진다는 게 사랑이 없이 될 일인가. 감싸 안고 보듬는 게 사랑이지, 내치고 면박 주는 게 사랑일 리 있나?

수빈이의 지각과 진료확인서 사건

실례로 이런 적이 있었다. 수빈이가 제법 성적을 올리던 고등학교 2학년 시절의 일이다. 아내가 새벽에 서울에 급히 갈 일이 있어 나에게 수빈이를 깨워서 학교에 보내도록 당부를 했다. 7시에는 밥을 먹고 7시 반까지는 학교엘 가야 했는데, 전날 무분별하게 과음을 한 탓에 그만 아침에 많이 늦었다. 수빈이는 아침도 거르고 학교로 달려가면서, 아파서 학교에 늦었다는 진료확인서를 하나 떼어 달라고 부탁했다. 얼결에 그러마 하고 대답은 했지만, 종일 고민에 빠졌다.

내 선친의 교육 방침은 처음부터 끝까지 정직하란 것이었고, 나자신도 아이들에게 누누이 가르쳐온 덕목이건만, 아비가 게을러서 아이를 지각하게 해놓고, 어떻게 허위로 진료확인서를 떼어서 학교에 제출한단 말인가. 아무리 생각을 해도 지각으로 벌점을 받는 게 옳지, 확인서를 보낼 수는 없었다. 하지만 노다지 아이에게 무슨 일이 있어도 나는 네 편이라고 노래를 불러놓고, 그런 생각을 한 수빈이를 혼내기도 어려웠다. 나는 결국 진료확인서를 떼어놓고, 편지도 한 통 썼다. 아래는 그때 썼던 편지다.

사랑하는 수빈이에게

오늘 아침에 지각해서 당황스러웠지? 학교에 가서 수업은 잘 듣는지 궁금하구나. 아빠도 오늘 아침 일에 대해 이런저런 생각이 들었어. 그래서 너랑 이야기해 보고 싶어서 이렇게 편지를 쓴다.
(중략)
수빈이랑 이야기하고 싶은 부분은 이것이야. 과연 지각을 만회하기 위해 진료확인서를 제출하는 것은 괜찮은 걸까?

이 문제를 선악이나 시비로만 판단한다면 물론 정당하지 않지. 사실은 늦잠을 자서 지각한 건데(아빠가 많이 원망스럽겠다만, 아빠도 미안하게 생각한다만, 기본적으로 고등학생이나 되는 사람이 누가 깨워줘야 일어나는 건 좀 문제가 있지. 세상사는 결국 자기 책임인 거니까.) 그걸 진료를 받아서 늦은 걸로 한다면 옳지 않은 것이지. 시비로 따지면 그른 것(非)이고, 선악으로 따지면 나쁜 행동(惡)이 된다. 아빠는 너에게 늘 원칙을 지키는 사람이 되라고 말해왔고, 바르게 행동하라고 가르쳤다. 그러니 오늘 아침에 아들의 부탁은 좀 황당한 부탁이 아닐 수 없구나.

하지만 문제는 그렇게 간단하지 않단다. 네가 아빠에게 그런 부탁을
한 이유를 추측해보자면 이렇다. 지각하면 내신이 안 좋아질 거고,
쉽지 않은 한의대를 가겠다고 열심히 공부하는 네가 지각 때문에 불
합격할지도 모른다는 불안감이 컸겠지. 그러니까 조금은 어려운 사
람인 아빠에게 그런 부탁이 순간적으로 나온 거겠지. 아빠가 한의사
니까 그런 걸 하기도 다른 사람보다는 쉬울 것이고.

불현듯 너에게 그런 정도로 스트레스를 주고 있는 대학 입시에 대한
원망도 생기고, 자식을 올바로 키워야 하는 책임과 함께 어떤 경우라
도 자식을 보호해야 하는 부모의 책임도 함께 느끼게 된다. 아빠는
네가 그런 부탁을 한 것이 화가 나거나 하지는 않아. 오히려 어려운
일을 아빠랑 상의해준다는 느낌도 받았단다. 너랑은 늘 성적에 대한
이야기만 나누던 터라 미안했는데, 아빠가 널 도울 수 있다면 기쁜
일이지. 너랑 친구처럼 지내고 싶기도 하고, 좀 더 많은 대화를 나누
고 싶기도 하단다. 하지만 아빠는 결국 자식의 사회성을 기르는 사람
이라고 생각해.

사회성이란 이런 거지. 남을 위해 자리를 양보하거나, 사회가 요구하
는 책임감이랄지 준법정신 등을 말하는 거지. 아버지의 책임은 아이
들에게 이런 사회의식을 키워주는 거로 생각한단다. 사회성이란 남
을 생각해서 스스로 조금 힘들어도 참고 견디는 것을 말한다고 생각
해. 왜 그래야 하냐고 묻는다면, 그렇게 해야 결국 나에게도 좋은 결

과가 돌아오기 때문이라고 말해주고 싶기도 하고(《이타적 유전자》란 책을 읽어보렴.), 만인의 만인에 대한 투쟁 상태로 존재한다면 사회란 성립할 수 없기 때문이라고도 말해주고 싶어. 아무튼 사회란 나의 욕망을 조금은 죽여야 성립되는 곳인 것은 분명할 거야.

그런데 자기를 죽이고 원칙을 지키고 바르게 살기만 해서는 도대체 이 세상을 잘 살아갈 것 같지 않은 게 또한 사실이구나. 적당히 요령도 부리고 융통성 있게 처신하는 아들을 보고 싶은 것도 사실이고. 인간이란 참 모순적 존재야. 그렇지 않니?

아무튼 아빠 생각은 그렇다. 우리는 원칙을 지킴으로써 본인에게 다소간의 손해가 간다고 해도, 그럼에도 불구하고 내 맘이 편하고 실수에 대한 벌을 감수해 다시는 실수를 되풀이하지 않을 것인지, 아니면 현실적 불이익을 면하기 위해서 일시적인 융통성을 발휘할 것인지를 선택해야 하는구나. 사실 진료확인서 한 장을 떼는 게 어려울 것은 없단다. 진료확인서를 앞에 두고 아빠는 갈등하는 중이다. 과연 수빈이에게 어떻게 말하는 것이 좋을지……. 그러다 내린 결론을 말한다.

지금 이 편지와 함께 동봉한 진료확인서의 처리를 네게 맡긴다. 선생님께 그대로 제출할 것인지, 찢어버리고 선생님께 어제는 제가 솔직하지 못했습니다. 늦잠을 자서 지각한 거니까 그에 합당한 처벌을 해주시라고 말할지는 네가 결정하렴.

수빈아. 넌 아직 어리다. 어리기 때문에 잘못된 판단을 할 수도 있고, 실수할 수도 있다. 하지만 실수에서 배우지 못한다면, 너는 앞으로 누구에게 또 진료확인서를 부탁할 참이냐. 아빠가 이 세상에 없으면 말이다. 친구에게? 후배에게? 아는 누군가에게? 그렇게 남에게 의지해서 순간을 모면하다 보면 종국엔 감당할 수 없는 결과를 만나게 될 것이다. 그리고 남에게 의지하는 사람은 스스로에게도 다른 누구에게도 떳떳한 사람이 되기 힘들단다. 네가 어떤 판단을 해도 아빠는 널 사랑하고 지켜줄 것이야. 나는 수빈이의 아빠니까. 하지만 아빠의 바람은 있단다. 그 바람이 무엇인지는 이미 말했으니, 이제 너의 판단을 기다릴 뿐이다.

수빈이를 사랑하는 아빠가.

그날 마침 저녁 약속이 있었다. 한 분은 내 한학과 명리학 스승이신 김기 선생님이셨고, 다른 두 명은 나와 함께 선생님께 배우고 있던 동료 한의사였다. 저녁을 먹으면서 일행에게 물었다.

"제가 이런저런 고민이 있는데, 어쩌면 좋겠습니까?"

선생님께서는 씨익 웃으며 말씀하셨다.

"잘 판단해서 하시되, 아이를 너무 나무라지는 마세요."

다른 두 동료는 날 보고 순진한 아버지라며, 그게 무슨 고민거리나 되느냐고, 더한 것도 하니까 암말 말고 확인서를 전해주라고 말했다. 가슴에 진단서와 편지와 무거운 마음을 담고 돌아와 수빈이에게 사정을 물으니, 이른바 모범생 프리미엄을 받았는지 선생님께

 **무서운 아버지에게 별 관심 없었다**

아빠: 초등학교 시절 아버지랑 사이는 어땠던 것 같아? 예를 들자면…… 몇 년 몇 월, 아버지는 바쁜가 보다. 얼굴 보기 힘들다. 혼자서 마음껏 책을 읽으니 좋다. 아버지 얼굴 안 보니까 혼 안 나서 좋다. 아예 안 들어왔으면 좋겠다…….

아들: 저는 아버지를 무서워했다고 생각해요. 그렇지만, 무서운 대상이라고는 해도, 제가 큰 관심을 기울여서 아버지와의 관계 개선을 시도하거나 그랬던 것 같지는 않아요. 그런 기억도 전혀 없고, 그때 제가 그만큼 생각을 하면서 살지도 않았으니.

서 아무런 말씀도 하지 않으셨고, 그 덕에 진료확인서를 제출할 필요도 없어졌다고 했다. 아마 아침 자습시간에는 분명히 늦었는데 조회 전까지는 가까스로 들어갔던 모양이다.

나는 그 소리를 듣고 진단서도 편지도 보여주지 않았다. 다만 수빈이를 꼭 껴안아주었다.

"아빠가 잘못해서 네가 지각을 했네? 정말 미안하다. 앞으론 수빈이 너도 엄마, 아빠에게만 의지하지 말고 자명종을 준비해서 이런 일이 생기지 않도록 하자꾸나."

그 뒤로 수빈이는 출결 상황만큼은 학생의 본분을 잘 지켜서 지각이나 결석을 하지 않았다.

사소한 관심과 칭찬

말이 길어졌는데, 요약하자면 어려서부터 독서를 열심히 했고, 제 몸에 맞는 한약을 처방해서 오래 먹였으며, 아이의 자존감을 높여 학습의욕을 고취했다는 것이 내 비결이라면 비결이다. 실제로 학교 성적이 오르자 수빈이는 나와 대화할 때 성적이나 공부 이야기를 자주 하게 됐고, 나는 아낌없이 칭찬을 해줬다. 말은 돈이 안 드는 데다가, 칭찬은 고래도 춤추게 한다지 않는가. 공부가 제 적성에 맞는다는 것을 발견했고, 공부하면 칭찬을 듣는다는 것을 알게 된 수빈이는 선순환 구조에 들게 됐고, 2학년에 올라가서는 과목에 따라 전교 1등도 자주 받아오면서 더욱 공부에 매진했다. 수빈이의 경이로운 성적은 그런 이유가 모여서 만들어진 게 아닌가 생각한다.

그 외로 자잘한 것을 들자면, 사실 자잘하다고 할 것만은 아닌데, 수빈이는 수능 보기 전까지 휴대폰이 없었다. 제 형은 3학년 올라가면서 필요하다 해서, 그러냐, 하고 사줬는데, 수빈이는 필요하냐 물어도, 아니라고 답했고, 우리도 굳이 사줄 필요성을 느끼지 않아서, 결국 수능 끝나고서야 사주었다.

휴대폰의 폐해는 적지 않다. 게임이나 카톡, 기타 SNS에 빠진 아이들이 휴대폰(특히 스마트폰)에 쏟는 시간은 결코 가볍게 볼 게 아니다. 자제심이 강한 아이라고 해도 공부에 집중해야 할 시간을 다만 얼마라도 빼앗기는 게 사실이다. 학부모가 아이 소재 파악을 위해 필요할 수도 있고, 아이가 왕따를 당하지 않기 위해서도 필요한 게 휴대폰이라면, 사용방법과 시간을 두고 아이와 정확하게 약속을 하고 난 뒤에 사줘야 한다. 수빈이 이야길 들어보면 한 반에 한두 명 휴대폰 없는 아이들이 있다는 건데, 그만큼 일반적인 현상이니 아주 안 사줄 수는 없겠지만, 가급적 휴대폰은 없는 게 좋다.

아침은 먹고 학교 가야

그리고 아침을 꼭 먹였다. 수험생들은 밤늦도록 공부를 하고, 수면 시간도 부족하다 보니 아침에 밥맛이 없어서 거르거나 간단히 때우기 일쑤다. 하지만 사람은 주행성 동물이란 점은 이미 과학적으로 입증된 분명한 사실이다. 인간은 밤에 자고 낮에 활동하도록 진화했다. 통계적으로 보면 사람의 집중력이 가장 높아지는 시간이 보통 10시에서 12시 사이라고 한다. 그런데 만약 아침을 거른다면,

밤참을 먹는다고 해도, 12시간 이상 공복 상태로 있게 된다. 심하면 저녁을 먹고 15시간이 지나서야 식사를 하는 경우도 생기는데, 아이 건강을 해치고 소화기를 망가뜨리며 지구력을 떨어뜨리는 주요한 원인이 된다.

사람의 두뇌는 우리 몸에서 가장 고급한 에너지만 쓰는데, 그게 바로 포도당이다. 따라서 아침에 밥을 먹는 습관을 들인 아이와 그렇지 않은 아이를 3년간 경쟁시키면, 다른 조건이 같다고 전제할 때, 아침밥 먹는 아이가 이긴다. 여기서 밥이란 그냥 우리 밥을 말한다. 콘플레이크를 우유에 말아 먹거나 빵을 먹는 것은 밥 먹는 게 아니다. 아침 급식의 중요성에 대한 실험 결과가 있다. 미국에서 두 학교를 놓고 한 군데는 아침 급식을 하고, 다른 학교는 급식 없이 수업을 한 뒤 6개월이 지나고 같은 시험을 봤다. 아침 급식을 한 학교가 7% 정도 높은 성적을 거뒀다고 한다. 우리나라에서도 아침에 밥을 먹는 중학생과 거르는 학생 사이엔 수학능력이 40%까지 차이가 난다는 연구결과가 나와 있다.

아침을 아이들만 먹으면 아버지가 아이 얼굴을 볼 시간이 없다. 어떤 일이 있어도 아침 식사는 온 가족이 함께하는 게 좋다. 전날 아무리 술에 취해 만취가 됐을지라도, 내가 지금 일어나서 아침을 먹지 않으면 아이가 대학에 떨어진다는 자기 세뇌를 해서라도 함께 먹자. 고등학교 3년은 금방 지나간다. 군대도 다녀왔는데, 그깟 3년 아이를 위해서 아침밥 하나 같이 못 먹어주겠는가. 나는 돈 벌어다 줬으니 그걸로 그만이라고 생각하는 아버지께서는 이 책을 읽으실 리가 없을 것이니 다시 또 잔소리하지는 않겠지만, 고등학교 3년 동안 아침밥을 같이 안 먹는다면 어느 날 갑자기 이런 대화를 하게 될지도 모른다.

"너 많이 컸다?"

"아버지, 많이 늙으셨네요."

아버지들이여, 책 좀 읽으시라

그리고 미안하지만 아버지도 책 좀 읽으시라. 본인은 허구한 날 티브이, 모니터에 빠져 살거나, 신문 보는 걸로 책 읽기를 대신하면서, 아이에게 공부해라 말해 봐야 영(令)이 서질 않는다. 내 경우를 말씀드리자면 해마다 거의 100시간 가까이 세미나를 듣는다. 한의학 전공에 관한 세미나가 대부분이긴 하지만, 심리학 세미나도 듣고 역사 탐방도 다닌다. 수빈이가 고등학교 2학년이던 2012년에 방송통신대학교 문화교양학과를 들어가서 2학년을 마치기도 했다. 내 경우는 꼭 수빈이에게 자극을 주려고 공부를 한 것은 아니다. 내 사주가 공부하지 않으면 쪼그라드는 팔자라 그랬던 것이지만, 아버지가 책을 보는 집안과 티브이만 보는 집안은 아이가 공부하는 분위기가 다르다. 나도 큰아이가 고등학교에 다닐 때, 공부 열심히 하는 모습을 진즉 보여주지 못한 게 아쉽기 그지없다.

그리고 마지막으로 아이들에게 부담주지 말자.

"아빠는 이렇게 공부를 잘했는데", "넌 꼭 무슨무슨 과를 가야 한
다", "나중에 뭐가 되려고 이러니?" 등등의 말은 아예 입 밖으로 꺼
내지 말자. 아이들이 가장 싫어하는 게 누구랑 비교하는 말로 자존
심을 건드리는 것인데, 아버지나 어머니가 서울대를 나왔다고 아이
도 서울대 간다는 보장은 어디에도 없다. 아버지 바람이야 따로 있
겠지만, 제 인생 자기가 사는 거다. 평생 끼고 살 거 아니라면, 실제
로 그런 부모들이 더러 계시는데, 자식 끼고 사는 건 아이의 앞길을
망치는 첩경이라고 본다. 사업체 물려주고 싶고 다행히 자식도 원
한다면, 경영 수업을 제대로 혹독하게 시킬 일이지, 이래라저래라
한다고 그렇게 되질 않는다. 별로 인용하고 싶은 사람은 아니지만,
삼성그룹 창업주 이병철이 그랬다고 한다. 세상에서 딱 두 가지가
자기 마음대로 안 되는데, 하나는 골프 스코어요, 다른 하나는 자식
농사라는 것. 천하의 이병철도 못한 걸, 왜 우리 같은 범부들이 굳
이 해보겠다고 헛심을 뺀단 말인가.

'책읽기'가
답이다

수빈이는 이른바 천재형은 아니다. 하지만 어려서부터 집중력만큼은 대단했다. 자기가 좋아하는 책을 읽을 때는 밥 먹는 것을 잊을 정도로 독서에 몰두했다. 집중력은 타고나는 것도 있지만, 자기가 좋아하는 것을 할 때면 집중하게 된다. 게임을 하는 아이의 집중력이 흐트러지는 법이 있는가? 공부를 잘하려면 공부를 사랑하고 공부에 집중해야 한다. 휴대폰을 쓰느냐 안 쓰느냐가 중요한 게 아니라, 공부에 방해되니까 휴대폰을 자연히 멀리하게 되는 것이지, 있고 없고가 중요한 게 아니다.

66 집중력은 체력에서 온다

'책읽기'가 답이다 **99**

———

10장

집중력은
체력에서 온다

공부에 자신감을 가지다

수빈이는 고등학교 1학년 4월 모의고사에서 괄목할 만한 성적을 거둔 뒤로 부쩍 자신감이 붙었던 모양이다. 그전엔 내가 무얼 물어보기 전에는 입을 잘 열지 않던 아이가 말수도 많이 늘고, 특히 성적 이야기를 할 때는 신이 나서 말하곤 했다. 4월 시험은 성적이 잘 나왔지만, 중간쯤 하던 성적이 갑자기 올라갈 리가 있겠는가. 다소 들쭉날쭉했던 게 사실인데, 전체적으로는 꾸준한 상승 곡선을 그렸다. 앞에서 말한 대로 공부를 하면 성적이 오른다는, 단순하지만 정직한 결과를 연거푸 받자, 공부에 자신감이 붙은 덕분이리라. 나는 이것이 공부하는 데 가장 중요하고 강력한 동기라고 생각한다.

나는 사실 공부를 열심히 한 사람이 아니다. 고등학교 3학년 때 6개월가량 조금 열심히 했을 뿐이다. 그러니 내가 공부에 대해 아는 것이라곤, 집중해서 듣고 반복해서 외우면 실력이 는다는 것뿐이지만, 그 점은 아무리 세월이 흘러도 변하지 않는 진실이다. 흔히 인류의 4대성인으로 우러름을 받는 공자님도 자신을 가리켜 공부해서 알았지(學而知之), 태어나면서 세상 이치를 모두 꿰뚫었다(生而知之)고 말하지 않았다. 공부하면 알고, 하지 않으면 어두워진다. 누구나 그렇다.

학생마다 발목을 잡는 과목이 있기 마련인데, 그 과목을 정복하는 방법 역시 마찬가지다. 수학을 어려워하는 학생이 많은데, 기본 개념을 정확하게 이해하고 유형별로 문제를 착실하게 풀다 보면 수학은 매우 재미있는 과목이 된다. 다만 그런 단계까지 가기 위해선 많은 시간과 본인의 노력이 필요하다. 자전거를 배우려면 넘어지는 것을 두려워해서는 안 된다. 수도 없이 자빠져서 손이나 무릎이 까져야 자전거 타기에 익숙해지는 법이고, 다른 것도 다 마찬가지다. 특별한 기술을 내 것으로 만들려면 일정한 훈련 기간이 필요하고, 훈련이란 반복해서 연습하는 것을 가리킨다. 그게 귀찮고 싫으니까 연습을 생략하고, 단계별로 반드시 익혀야 할 과정을 대충 넘기니까, 기술이 몸에 붙지 않게 된다.

수빈이는 이른바 천재형은 아니다. 하지만 어려서부터 집중력만큼은 대단했다. 자기가 좋아하는 책을 읽을 때는 밥 먹는 것을 잊을 정도로 독서에 몰두했다. 집중력은 타고나는 것도 있지만, 자기가 좋아하는 것을 할 때면 집중하게 된다. 게임을 하는 아이의 집중력이 흐트러지는 법이 있는가? 본인이 재미를 느끼고 좋아하는 것을 할 때면, 인간은 누구나 고도의 집중력을 보여준다. 사랑에 빠지면 다른 모든 것이 눈에 들어오지 않는 것처럼. 공부를 잘하려면 공부를 사랑하고 공부에 집중해야 한다. 휴대폰을 쓰느냐 안 쓰느냐가 중요한 게 아니라, 공부에 방해되니까 휴대폰을 자연히 멀리하게 되는 것이지, 있고 없고가 중요한 게 아니다.

적성과 진로를 고민하다

공부에 취미가 없고, 공부할 팔자가 아닌 아이들도 있다. 그런 아이들은 일찍부터 자신이 좋아하고 몰입할 수 있는 것이 무엇인지 부모가 찾아줘야 한다. 기계 정비에 소질이 있는 아이에게 판검사가 되라고 강요하면 그 공부가 재미있을 리가 없다. 내 아이가 그런 아이인지 공부를 해야 할 아이인지는 전문가에게 도움을 받을 일이지만, 아이가 다양한 경험을 해서 본인의 취미와 적성을 찾아나가도록 인도할 의무를 부모가 지고 있다는 것은 틀림없는 사실이다. 그저 막무가내로 공부해라, 공부해야 성공한다만 되뇌는 것은 어쩌면 부질없는 짓이다. 내 아이의 적성을 분명히 알고, 그 적성대로 인도

해야만 한다.

　수빈이의 고등학교 1학년 때 장래희망은 한의사였다. 아버지가 한의사이고, 아버지에게 인정을 받기 위한 나름의 목표였을지도 모르겠다. 고등학교 2학년에 올라가면서 자연스럽게 이과를 선택했는데, 6월 어느 날 수빈이가 드릴 말씀이 있다는 것이다. 나는 무슨 말을 하려고 이렇게 진지한가 싶어서 내심 긴장했지만, 편하게 말해보라고 했다. 수빈이는 진지한 얼굴로 교사가 되고 싶다고 했다. 과목은 국어. 그러니 이과에서 문과로 전과해야겠다는 것이다.

　나는 왜 그러느냐 꼬치꼬치 따져 묻지 않았다. 네 뜻이 정말 확고한지, 비록 지금은 교사를 좋은 직업으로 여기지만, 평생을 선생님으로 산다는 것은 대단한 희생과 각오가 없으면 안 되는 어려운 길인데, 정말 끝까지 잘 걸어갈 수 있겠느냐고 물었다. 수빈이는 그렇다고 분명히 답했고, 나도 흔쾌히 동의했다.

　그리고 그때 직감했다. 이 아이는 드디어 내 슬하를 벗어나는구나. 아버지 마음에 들기 위해서 본인의 진로를 결정하는 게 아니라, 자신이 하고 싶은 것을 하겠다고 말할 수 있게 되었구나. 나는 한편으론 가업을 잇지 못하게 됐다는 섭섭한 마음이 전혀 없진 않았지만, 또 한편으론 기뻤다. 지난 몇 년 동안 내심 조마조마하게 바라보던 아들이 자기 자신에 대한 믿음과 자존감을 든든하게 갖췄다는 것을 확인하는 일이 왜 기쁘지 않겠는가.

　　고등학교 2학년 때 진로를 결정하다

아빠: 진로를 몇 번 바꿨는데, 그때마다의 동기가 궁금하구나. 또 진로를 바꾸면 성적이 올랐는데, 왜 그렇다고 생각하는지?

아들: 자랑스러운 이야기는 아닙니다만, 일단 질문에 정정이 필요해요. 남들이 보기에 저는 한의사에서 국어교사로, 국어교사에서 교수로 진로를 두 번 바꾼 거 같지만, 제 입장에서 보면 저는 진로를 한 번 바꿨어요. 초등학교 저학년 때부터, 고등학교 2학년의 초반기까지 저는 진로희망을 물어보면 한의사라고 남들에게 답했고, 그럴듯한 이유도 만들었어요. 그때 이걸 정말로 '희망'하고서 말했던 것은 아니에요. 솔직히 말해서, 명확한 장래희망은 전혀 없었거든요. 하지만 남들에게 나는 꿈이 없다고 말하기가 두려워서 방패막이 필요했고, 그걸 위해서 한의사라는 희망을 말하던 거였어요. 만약 제가 정말로 한의사가 되고자 했다면, 아마 문과로 왔겠죠.
고등학교 1학년 때부터, 저는 제 적성이 이과보다는 문과에 치중되어 있는 걸 알고 있었어요. 그리고 한의대는 교차지원을 통해서 문과도 지원이 가능하다는 것을 알고 있었고요. 그런데 이과를 지원했던 이유는, 그냥 남들의 조언을 따른 거예요. 대입도, 취직도 이과가 문과보다 좋다는 평을 듣고, 딱히 생각 없이 정한 거죠. 그때 마음가짐이 이랬어요. '그래도 공부는 어느 정도 하니까, 서울에 아무 대학이나 가서, 공부나 하다가 취직하고, 그렇게 살자.'
고등학교 2학년 초반까지는 제 삶을 소중히 여기는 마음이 부족했다고 생각해요. 무언가 하나에 모든 열정을 불사른 적도 없고, 그럴 대상을 찾지도 못한 채로, 그냥 하루하루를 죽여가는 느낌으로 살아가는 삶을 나쁘게 여기지도 않았고, 그걸 고쳐야 한다는 생각도 안 했어요. 사실 그렇게 살아도 성적이 올랐던 게 아마도 꿈을 찾는 노력을 별로 안 하게 했던 거 같아요. 뭔가 하나에 모든 열정을 불태우지 않으니까, 학교에서 그냥 시키는 대로 하면서 사니까 성적이 조금씩이라도 오르기는 했거든요.

고등학교 2학년 때 한 4, 5월부터, 진로를 조금씩 고민하기 시작했어요. 그랬던 현실적인 계기는 그다지 긍정적인 이야기는 아니지만. 그때쯤에 애들한테 '한의사는 미래가 별로 긍정적이지 않은 직업이다.'라고 여러 번 이야기를 들었어요. 일단 내가 이 직업을 쭈욱 남들한테 밀고 나가도 될까, 하는 의문이 들었죠.

그러면서 그렇다면 내가 하고 싶은 일은 뭘까, 하고 진로를 생각해보기도 했고요. 일단 뭘 좋아하는지부터 생각해보니, 게임, 독서, 음악 감상, 교육. 이 정도가 얼른 떠올랐어요. 게임? 게임을 좋아하기는 하지만, 이걸로 먹고살고자 할 만큼 필사적이지도 않고, 그렇게 잘하지도 않으니, 이걸 장래희망으로 삼기에는 부적합하다고 판단해서 넘기고.

독서? 책읽는 거 좋아하는데, 그렇다면 작가나, 문학 평론가는 어떨까 하고 생각해보니, 일단 제가 좋아하는 건 창작보다는 독서 쪽이라는 생각이 들어서 작가는 넘겼어요. 그리고 고등학생 때 제가 주로 읽던 분야는 소설보다는 인문학, 사회 과학 쪽들의 책들. 문학이 아니라 비문학. 그래서 문학 평론가도

넘겼어요.

음악? 이건 바로 포기했어요. 제가 음악가가 될 재능도, 열정도 부족하다고 판단했고, 음악을 듣는 일을 직업으로 할 생각도 안 들었거든요.

마지막으로, 남 가르치는 것을 좋아한다는 생각이 났어요. 이게 혹시 내가 우월감을 채우려는 마음에서 그러지는 않을까 하고 의심도 했는데, 그것보다는 그냥 좋아한다고 생각해서, 그러면 이거는 장래희망으로 해도 좋지 않을까 했어요. 가르친다면, 학교? 학원? 학원 쪽은 마음에 안 들었어요. 뭔가 학교보다 인간적인 맛도 떨어지고, 생활 패턴도 엉망이고.

그래서 학교 쪽으로. 학교면 누구를? 초등학생? 중·고등학생? 대학생? 초등교사는 예체능을 같이 가르쳐야 한다는 점도 마음에 안 들었고, 초등학생을 가르치는 걸 제가 잘할 거 같지도 않았어요. 그러면, 대학생? 대학생을 가르친다면 그건 교수 쪽으로 잡는 건데, 일단 제가 교수를 할 수 있을 거 같지가 않더라고요. 교수를 할 정도로 제가 탁월하다고 생각하지는 않았어요. 애초에 교육을 생각할 때는 제가 겪어본 것들을 기준으로 한 거라, 교수가 그 범주에 있지도 않았고. 그래서 중·고등학생이 제일 좋겠다고 판단했어요.

중·고등 교사면 과목이 필요하죠. 예체능을 일단 가장 먼저 제외했어요. 이건 잘하지도 못하고, 좋아하지도 않는 과목을 생각할 이유가 없으니. 그렇다면 수학, 과학? 진로를 대충 교사로 정했을 때, 이미 문과로 가기로 마음을 정한 상태였어요. 그런 상황에서 이과 과목들을 정할 수는 없었죠.

남는 건 국어, 사회, 영어. 사실 기가, 진로, 한문 같은 것들도 남아는 있었지만 어느 하나 제가 좋아하는 과목들은 아니었어요. 그래서 그나마 좋아하는 세 개. 이중에서도 영어는 그렇게 좋아하지는 않아요. 그래서 이것도 포기하고. 국어, 사회가 남았죠. 두 과목은 둘 다 좋아하는 과목이에요. 뭘로 할까 하다가, 사회 과목은 임용고시가 너무 어렵다는 평을 듣고 포기. 국어 교사로 진로희망을 적고, 저는 문과로 갔어요. 이때 처음으로 장래 희망을 정해본 거예요. 바꾼 게 아니라.

고등학교 2학년 2학기부터 문과로 지냈는데, 이때 성적이 올랐던 이유로는 우선 제 적성이 문과에 있었다는 것이 들어가요. 수학, 과학이 안 맞으면서도 이과에 있으니 잘 안 오르던 성적이 수학 덜하고 사회하니까, 오른 부분이 있어요. 그리고 제가 공부를 열심히 할 마음이 들었다는 것도 있어요. 중·고등학교 교사가 되려면 아무래도 사대, 그것도 좋은 사대를 가야겠다고 생각해서, 동기가 생기니 전보다는 열심히 했거든요. 이때의 성적상승은 이 두 가지 이유 덕분이겠죠.

그렇게 쭉 가다가, 고등학교 3학년 7월에 제가 학원 선생님 한 분을 아버지 소개로 만났는데, 마음이 잘 맞더라고요. 그때쯤에 성적도 살짝 슬럼프고, 선생님들 힘든 거 보면서 이걸 버틸 수 있을까 하면서 이래저래 생각하고 있었는데, 그분이 교수 어떻게 생각하느냐 물어보시더라고요. 전에는 제쳐둔 길인데, 그때 듣고 한 번 더 진지하게 생각해봤죠. 예전에는 자신의 부족함과, 이 길의 어려움이 두려워 거절했을 길이지만, 그래도 학문을 좋아하는 마음과, 적성만 맞는다면 노력이 부족한 부분을 덮을 수 있다고 생각해서, 이 길을 걷겠다고, 정했어요. 장래희망도, 이번에는 소거법이 아니라, 정말 좋아하는 것을

수빈이는 고등학교 2학년 1학기 기말시험, 그러니까 이과에서 보
는 마지막 시험을 전체 2등으로 마쳤는데, 성적이 안 나와서 문과
로 도망간다는 소리를 듣지 않아서 좋다며 웃었다. 나도 빙그레 웃
었다. 그런 오기나 자존심이야말로 공부하는 사람이 가져야 하는
자세다. 내 앞에 누구도 있을 수 없다. 내가 이 공부만큼은 최고가
되어야겠다는 다부진 각오야말로 최고가 되는 유일한 길이다.

원래 문과 체질이었지만, 과연 잘할 수 있을까? 걱정도 됐는데,
수빈이는 잘 적응했다. 그리고 좋은 성적을 계속 유지했다. 공부만
한 게 아니라 친구들과 팀을 짜서 창의력 대회에 나가 좋은 성적도
거두었고, 학교 축제나 동아리 활동도 즐겁게 했다. 성적이 잘 나오
니까 더 잘하게 되는 선순환 구조에 들었다고 말했는데, 고등학교
2학년을 지나면서는 정말 그렇다는 것이 분명해졌다. 아이들이 대
체로 싫어하는 야간자율학습이나 일요일 등교를 수빈이는 즐겁게
했다. 집보다 학교를 더 좋아하는 것처럼 보이기도 했다.

수빈이는 학교 내신을 결정짓는 중간·기말고사에선 썩 좋은 성적을 거두지 못했다. 주로 모의고사에서 두드러진 성적을 거두는 편이었다. 수능형 인간이 있고 내신형 인간이 있다더니, 확실히 전자에 속했나 보다. 그래서 고등학교 2학년 2학기까지는 내신이 아주 좋지는 않았고, 지방에 있는 일반 고등학교에서 그 정도 성적이라면, 교원대 진학이 최상이었다. 아내와 나는 교원대면 좋지, 집에서 멀지 않고(우리는 대전에 살고, 교원대는 우리 집에서 차로 40분이면 간다.), 국립대라 학비 저렴하고, 기숙사 잘돼 있다니 좋다고 여겼다. 교사가 되려면 그 어려운 임용고시에 붙어야 하는데, 교원대가 시험 합격률도 가장 높았다. 우리 내외는 수빈이 성적이 그런 정도인 줄만 알고 있었고, 나중에 교원대를 갈 것이란 생각만 하고 있었다.

집중력은 체력에서 온다

드디어 고등학교 3학년이 되었다. 형이 군대에서 제대해 돌아오고, 형제 간에 사이가 좋았던 터라 좀 더 안정적으로 학업에 임하게 된 수빈이는, 4월 말 경기도 교육청에서 실시한 모의고사에서 영어 한 문제만 틀리고 전 과목 만점을 받아왔다. 나는 물론 기분이 아주 좋았지만, 이 아이가 이런 성적을 거둘 만큼 공부를 열심히 했나 싶어서 어안이 벙벙했다. 우리가 보기에 수빈이는 공부에 엄청난 노력을 쏟아붓는 것처럼 보이지는 않았기 때문이다. 내가 고등학교에 다닐 때는 흔히 사당오락(다섯 시간 자면 대학에 떨어지고, 네 시간 자면 붙는다.)이라고 말했고, 나도 역시 그런 정도로 수면시간을 줄여 공부했다. 그래서 매일같이 코피도 터지고 했던 것인데, 수빈이는 잠도 예닐곱 시간 정도 푹 자는 눈치였고, 어디가 아프다는 말도 일절 하지 않았다.

역시 자랑 같아서 민망하지만, 나는 한약을 꾸준하게 복용시킨 것도 효과를 보았다고 믿는다. 대청룡탕가미방으로 몸에 있는 수독을 없애줘서 집중력이 높아지고 몸이 가벼워져서 건강해졌기 때문이었다. 공부할 때 집중을 잘하면 잠잘 시간도 충분히 확보할 수 있다. 수빈이의 학습 과정을 보면 일단 최상위권에 올라가고 나면 그다음부터는 공부의 절대량보다는 집중도의 농밀함이 더욱 중요해진다는 사실을 알 수 있다. 다행히 수빈이는 집중력이 좋았다. 치료약 외에 보약으로 쓴 공진단과 장원단 조합도 여러 가지로 실험해봤는데, 아침에 장원단을 먹고 자기 전에 공진단을 먹이는 것이 가장 좋았다. 다른 학생들에게도 마찬가지로 테스트해보니, 다들 그런 패턴으로 복용하는 것이 가장 좋은 결과를 보였다. 한의학적 이치를 따져봐도 그게 맞는 복용법이었다.

4월 모의고사 성적표를 내미는 수빈이에게 나는 이렇게 말했다.
"수빈아, 장하다. 정말 기쁘구나. 아빠는 이 성적이 너무 놀랍고 자랑스럽다. 그런데 더 올라가지 못한다고 해도 실망하지 마라. 너

우리 가족은 놀러 가는 데 선수다. 사진은 전라북도 부안의 계화도 뱃길. 그러나 사진에서 보듯 수빈이는 약간 짜증스러운 표정이다. 엄청난 외로움을 가슴에 감추고 있다는 사실을 그때는 몰랐다.

는 이미 네가 할 수 있는 최고를 이룬 거야. 설령 앞으로 성적이 떨어져도, 수능에서 이것보다 못한 성적을 받아도 괜찮다. 넌 이미 다 이루었기 때문이야. 이 성적이 너의 커리어 하이일 수도 있으니까, 앞으로 자만하지 말고 정진하기 바란다."

수빈이도 내 말을 숙연하게 받아주었다.

선생님께 묻고 또 물어라

아니나 다를까, 모의고사 중 가장 중요하다고 하는 6월 모의고사에서 수빈이 성적은 좋지 않았다. 어떤 과목은 1등급 바깥으로 밀려나기도 했다. 서울대 사범대 국어교육과를 바라기도 했지만 그런 정도는 아닌 모양이라고, 나는 마음을 위로했다. 그런데 한 가지 변수가 생겼다. 6월 모의고사를 보고 난 뒤 지인의 추천을 받아서 국어와 영어 학원에 다니기 시작했는데, 그 학원에서 만난 선생님들이 수빈이의 현 상태를 정확하게 진단하고 모자란 부분을 짚어준 것이다. 혼자 열심히 연습을 하는 것보다 좋은 코치와 함께 연습하는 것이 더 좋은 것처럼, 정확한 진단과 맥을 짚는 지도를 받으면서 수빈이는 확실히 한 단계 더 올라섰다.

자칫 오해의 소지가 있을 수 있는데, 나는 지금 사교육을 칭송하는 것이 아니다. 다만 자기 공부 수준이 어느 정도에 이르렀는지,

아빠: 고등학교 가서 성적이 오르락내리락할 때 사교육 받은 게 도움이 됐는지? 어떤 선생님과 잘 통했는지? 그랬다면 왜 잘 통했다고 생각하는지?

아들: 성적 변화가 클 때의 이야기라면 제가 고등학교 3학년일 때, 작년 중반기쯤 이야기네요. 고등학교 3학년 4월 전후 성적의 큰 등락은 저 스스로를 불안하게 하는 일이었고, 그때 받은 사교육들은 저를 안정시키는 데 큰 도움을 줬어요. 일단 결과만 놓고 보면, 사교육을 잠깐 다닌 것만으로도 국어랑 영어 성적이 잘 나올 때로 돌아갔으니까. 수학은 성적 변화 이전에도 학원을 다녔는데, 국어랑 영어를 이때 다녔죠. 둘 다 성적이 2~3등급 사이를 오가다가 1등급대로 다시 올라갔으니 도움이 됐죠.

선생님들 중에 국어선생님과 특히 잘 통했어요. 잘 통한 이유는 그분이 저를 알아봐주신 덕이라고 생각해요. 간단한 대화만으로 제 사회적 성향을 말할 수 있고, 다양한 분야의 이야기를 자유롭게 펼칠 수 있는 사람을 저는 그분 이전에는 만나보지 못했어요. 다양한 분야의 이야기를 아무렇게나 나누면서도, 저보다 깊은 의견을 모든 분야에서 제시하는 분이니 빠질 수밖에요. 남자는 자신을 알아보는 이를 위해 목숨을 바친다는 말이 있죠. 그만큼 자신을 알아보고 인정하는 사람을 높게 쳐요. 저도 그랬고.

왜 어떤 유형의 문제를 반복해서 틀리는지를 알아야, 다음 단계로 나갈 수 있다는 점은 꼭 말씀드리고 싶다. 형편이 어려워서 사교육을 받기 힘들다면, 학교 선생님에게 귀찮을 정도로 여쭙고 확인해야지, 모르는 것을 안다고 넘기는 것처럼 바보 같은 일은 없다. 불치하문(不恥下問)이라잖은가. 세상에 나쁜 질문은 없다. 누구에게라도 묻고 배우는 것은 부끄러운 일이 아니다. 정말 부끄러운 것은, 모르는데도 그냥 어물쩍 넘기는 것이다.

그리고 한 가지가 더 있었다. 국어 선생은 논술도 함께 가르쳤는데 수빈이가 그 선생을 많이 따랐다. 선생도 수빈이에게 큰 애정을 갖고 지도해주셨다. 그렇게 이야기를 자주 주고받고 논술을 쓰면서, 수빈이의 진로가 다시 바뀌었다. 공부를 계속해서 학자가 되고 싶다는 것으로. 과목은 사회학. 이번에도 나는 흔쾌히 동의했다.

"아버지가 열심히 벌어서 네 뒷바라지를 해줄 테니, 세계 최고의 학자가 되도록 열심히 공부해라."

심리학과 사회학 사이에서 살짝 갈등하기에, 심리학보다는 사회학이 나을 것 같다고 말했다. 심리학에서는 한국 고유의 이론이 나오기 쉽지 않지만, 한국 사회는 세계 어느 나라와 비교해봐도 대단히 역동적이고 사회 갈등도 많아서 연구할 주제가 많고, 그만큼 새로운 이론을 도출해낼 가능성이 높다고 생각해서였다. 그래서 고등학교 3학년 2학기가 되면서 수빈이 목표는 사회학과 진학으로 바뀌었다.

목표를 새로 정할 때마다 성적이 오르다

재미있는 점은 수빈이 목표가 달라질 때마다 성적도 그만큼 올랐다
는 점이다. 1학년 때 한의사를 지망하던 시기에는 한의대를 갈락
말락한 점수가 나왔다. 그러다 2학년이 돼서 교사가 되겠다고 하니
까 서울대학교 사범대 국어교육과를 지망해볼 만한 점수로 올라갔
다. 그러더니 3학년 2학기가 되니까 이제는 서울대 사회과학대학을
지망해볼 수 있는 점수까지 올라가는 것 아닌가.

심리학 용어 중 '포부수준(level of aspiration)'이란 말이 있다. 현
재 이루려고 하는 목표에, 과거에 유사한 과제를 수행했을 때 얻었
던 결과를 종합해서, 미래에 나는 이러한 목표를 설정할 수 있겠구
나 생각하는 수준을 말한다. 이 포부수준은 과거에 일을 처리했던
결과에 영향을 받는다. 좋은 결과가 나오면 포부수준은 올라가고,
그렇지 못하면 내려간다. 포부수준에 따라 그만큼 능력도 다르게
나온다. 높은 수준의 포부를 가지면 그것을 뒷받침할 수 있는 강한
능력치가 발휘되고, 포부수준이 낮으면 능력치도 낮아진다. 공부할
때 자기 현 수준에 맞지 않게 너무 높은 기대를 하면 결과에 실망할
가능성도 크다. 자기 안에 있는 강력한 힘을 꺼내보지도 못하고 그
만 실망하고 낙담하는 청춘이 얼마나 많은가. 노력해서 좋은 결과
를 내고, 그것을 바탕으로 더 높은 목표를 설정해서 자기 능력을 더
많이 끌어낼 수 있는 그런 선순환 구조를 빨리 찾을수록 입시에서

성공할 가능성이 커진다고 생각한다.

　수빈이는 다행스럽게도 많은 선생님과 주변 분들의 도움으로 그런 선순환 구조로 빨리 진입할 수 있었다. 그러기 위해서는 몇 가지 조건이 갖춰져야 하는데, 나는 지금까지 그런 조건에 대해 내 나름대로 해석해서 말씀드렸다고 생각한다. 이제 수빈이가 2학기 이후에 수능을 보고, 대학에 합격하기까지 과정을 소개하고, 마지막으로 명리학적으로 따져볼 때 어떤 팔자가 공부를 잘하게 되는지, 어떤 사주가 공부보다는 기술을 익혀야 하는지 등에 대해 말씀드리려고 한다. 흔히 사주팔자를 미신이라 치지도외 하거나, 종교적인 이유로 꺼리는 분이 많으신 줄 안다. 하지만 명리학에서 사주팔자란 운명론과는 다른 것이다. 사실 내 실력은 명리학에 대해 언급하는 것이 조심스러운 수준이지만, 입시를 앞둔 학생들이 자기 진로를 찾아나갈 때 학부모님들께서 명리학적인 충고를 참고하시면 좋겠다 싶어서 용기를 내본다.

11장

—

'책읽기'가 답이다

• • •

명리학은 미래예측학

영화 〈사운드 오브 뮤직〉 중에 '마리아'라는 노래가 나온다. "천방지축 마리아를 대체 어떻게 정의해야 좋을까요?"라고 묻는데, 수빈이는 수습수녀 마리아처럼 활달하고 자유분방한 아이는 아니지만, 나로선 왜 수빈이가 나름 놀라운 성적을 거두었는지 설명하기 어렵다. 굳이 말하자면 세 가지 키워드, 즉 독서, 격려와 자존감 고취, 한약을 들 수 있겠다. 그리고 한 가지를 더 보태자면, 수빈이는 공부를 해야만 하는 팔자이기도 하다.

수빈이 팔자를 풀기 전에 명리학에 대한 간략한 설명이 필요할 것 같다. 흔히 명리학이나 사주팔자를 이야기하면, 거부감을 갖는 분이 많다. 아마 명리학을 운명론으로 받아들이기 때문일 게다. 명리학에서 사주팔자를 두고 이미 정해진 것이므로 변경할 수도 없고, 대체로 팔자대로 살게 된다고 보는 것은 맞다. 하지만 분명히 단언컨대 운명은 정해진 게 아니다. 어떤 설계도는 분명히 있지만 세상살이는 그 설계도와 똑같이 굴러가지 않는다. 관계를 맺고 있는 사람들 사이에서 얼마나 최선을 다해 노력하느냐에 따라 자기 삶은 크게 달라지기도 한다. 다만 그런 방향 전환도 자기 안에 내재한 가능성 안에서만 가능하다는 점은 분명하다.

명리학은 중국 춘추천국시대에 태동한 음양오행론을 기본으로 한다. 송나라 대에 이르러 완성됐다고 보는데, 일종의 미래예측학이다. 전쟁을 일으키면 승리할 것인가, 이 아이의 앞날이 어떻게 될 것인가, 어디에 묘를 써야 후손에게 길할 것인가 등은 모두 미래를 알고 싶다는 바람과 맞닿아 있다. 그래서 동아시아에서는 일찍이 명命, 복卜, 상相이라는, 흔히 역술易術이라 부르는 미래예측학이 발전해왔다. 명은 명리학과 자미두수 등을 가리키고, 복은 주역, 육효, 기문둔갑 등을 지칭하며, 상은 관상, 수상, 풍수지리 등이 이에 속한다. 이들은 모두 음양오행론을 이론적 바탕으로 삼는데 음양론과 오행론은 독자적으로 발전했고, 이 둘이 결합한 것은 보통 전국시대 말기쯤으로 본다.

음양론은 우주의 구성 원리를 음과 양의 두 가지 상반된 기운으로 본다. 음과 양은 상호 대립적이지만 보완적이기도 하다. 이것은 아주 자연스러운 관찰결과였다. 낮과 밤, 하늘과 땅, 남자와 여자, 강함과 부드러움 등으로 사물의 속성을 이해하는 것은 고대인들의 자연스러운 우주관이라고 볼 수 있다. 오행론은 목木, 화火, 토土, 금金, 수水라는 다섯 가지 질료質料로써 사물의 운행법칙을 설명하려는 이론이다. 역시 오행은 홀로 존재한다기보다는 상호 간의 작용을 통해 활성화되고, 각자는 낳고(生) 이기고(克) 지는(剋) 관계가 있다. 앞서 말한 대로 각자 독립적으로 발전했지만, 둘이 서로 결합해서 고대 중국과 동아시아에서 우주만물의 기원과 존재양식을 설명하는 과학이론이 되었다.

우리가 흔히 음양오행론을 비과학적이라고 비판하는데, 여기서 기준이 되는 과학은 서양의 근대에 출현한 사이언스science를 가리킨다. 사이언스는 뉴턴과 데카르트의 학문적 업적에 크게 빚지고 있는데, 사이언스를 통해 근대이성이 출현했고, 인류의 삶의 질이 크게 높아진 것은 분명한 사실이다. 그러나 사이언스만이 유일한 과학이고, 그렇지 않은 모든 학문은 사이비 과학pseudo-science이라고 규정하는 것은 일종의 도그마다. 근대과학이 설명하지 못하는 세계가 너무나 많고, 과학적 이성이 극단으로 치달으면서 우리는 제국주의와 양차 대전이라는 끔찍한 결과를 만나기도 했다. 근대과학과는 다른 형태지만, 음양오행론 역시 검증 가능하며 재현성이 뛰어난 하나의 과학체계라는 사실을 받아들여야만 한다.

명리학을 아주 거칠게 정의하자면, 년年, 월月, 일日, 시時에 따라 각기 다른 우주의 기운이 하늘과 땅의 기운(각각 천간〔天干, 갑을병정…〕과 지지〔地支, 자축인묘…〕라고 부른다.)으로 나뉘어 변화하고 있고, 인간은 그런 기운을 받고 태어난다고 본다. 특히 태어난 날의 하늘의 기운(이것을 일간日干이라 부른다.)이 중요한데, 이것이 나를 대표하는 기질이고, 일간을 중심으로 년, 월, 일, 시의 오행이 서로 작용해서 내 삶의 기초설계를 한다고 본다.

김연아와 아사다 마오의 사주

어려운 설명은 그만하고 두 사람의 사주를 통해 사주가 어떻게 작용하는지 살펴보기로 하자. 우선 행복한 스케이터, 김연아 선수의 사주다. 경오庚午 갑신甲申 계유癸酉 무오戊午인데, 태어난 날의 하늘의 기운(일간)이 계수癸水다. 계수란 물인데 강물과 같은 물이다. 강물은 정해진 길을 따라 흐르므로 모범적이고 규율을 잘 지키며 머리가 좋다. 물은 지혜를 상징한다.

태어난 해에 경금庚金이 있고, 월에도 신금辛金이 있으며, 일주에도 유금酉金이 있다. 경, 신, 유는 모두 금인데, 금은 수를 도와주고 낳아주는 역할을 한다. 나를 도와주는 금기운이 많으니 신강한 사주라고 풀고, 태어난 달에 있는 신금이 특히 중요한데, 사주 보는 사람들은 이런 사주를 가리켜 인수격印綬格이라 부른다. 인수격은 마음이 따뜻하고, 선생님이나 지도자로서 대성할 가능성이 높다. 신강한 사주는 어려움을 피해가지 않으며, 자기주장이 확실하다.

태어난 달의 신금이 중요하다 했는데, 신금은 계수에 대해서 정인正印이라 부른다. 정인은 정확하고 원칙적인데, 공부를 해도 철학, 수학, 물리학처럼 원론적인 공부를 하게 된다. 태어난 날에 있는 유금은 편인偏印이라 부르는데, 만일 태어난 달에 있는 신금과 태어난 날에 있는 유금이 서로 자리를 바꾼다면, 연아의 격은 편인격이 되고, 지금처럼 점프의 교과서란 이름을 갖기는 힘들었을 것이다. 편인은 응용학문에 능하고, 약간 재주를 부린다고 할까? 편법을 쓴다고 할까? 그런 경향을 보이기 때문이다.

아사다 마오 선수가 바로 편인격이다. 경오庚午, 을유乙酉, 계사癸巳이고 태어난 시는 알 수 없는데, 사주 자체로는 나쁘지 않지만, 편인격이기 때문에 자꾸 치팅 점프를 뛰고 마는 것이다. 편인격과 정인격이 싸울 때 둘 다 신강하고 다른 조건이 같다면, 정공법으로 가는 자와 편법으로 승부를 겨루는 자, 과연 누가 이기겠는가. 마오는 연아와 싸우면 평생 질 수밖에 없는 팔자다. 하늘이 왜 주유를 낳고 다시 제갈공명을 낳았느냐는 한탄이 저절로 흘러나올 법하다.

수빈이는 공부할 팔자

수빈이 사주는 을해乙亥, 갑신甲申, 기해己亥, 병자丙子다. 기토己
土 일간이고 상관격傷官格이다. 다행히 오행은 고루 갖추었는데,
극신약한 사주란 점이 문제다. 사주팔자에 나를 도와주는 인성이
하나뿐이고, 인수인 병화丙火가 통근해서 나를 도와주기는 하지만,
외롭고 고단한 팔자다. 이런 사주는 무조건 공부를 하지 않으면 신
세를 망치게 된다. 그리고 묘한 말이지만, 공부를 잘할 수 있는 팔
자이기도 하다.

공부를 잘하는 팔자와 그렇지 않은 팔자가 따로 있다고? 그렇다.
제아무리 돈을 들여도 성적이 오르지 않는 팔자란 게 있다. 일단 사
주에 오행이 고루 갖춰져 있지 않고(하나는 빠져도 괜찮다.), 격을 갖
추지 못했으며(成格이 안 됐다고 말한다.), 인수가 없거나 매우 약하
고, 수나 화가 없으면 공부에 재능이 없는 경우다. 다른 자질을 살
펴서 그 길로 인도해야 한다. 의외로 자동차 수리에 재능이 있을 수
도 있고, 언변이 좋아서 세일즈 왕이 될 수도 있는 아이를, 굳이 공
부로 몰아서 번뇌에 빠트릴 까닭이 어디에 있을까?

공부를 잘하는 팔자는 반대다. 사주에 인성이 드러나고, 인성이
지지에 통근하여 힘을 받고 있으면 공부를 잘한다. 삼상격, 종격과
같은 특수격을 제외하면 오행을 고루 갖추고 있어야 총명해진다.

수빈이는 신약 사주니까 공부하는 게 자기 사는 길이긴 하다. 하지만 신약사주라고 누구나 다 공부를 잘하게 되는 것은 아니다. 공부를 열심히 파고들어야 성적이 올라가는 거지, 팔자만 믿고 게임이나 하면서 놀면 성적이 올라갈 수 있겠는가. 팔자대로 산다는 말을 아무렇게나 대충 살아도 되는 것으로 생각하면 곤란하다. 팔자대로 산다는 말은 자기 삶을 사랑하고 최선을 다해 주어진 삶을 충실히 살아낸다는 뜻이다. 그럴 때 하늘이 내린 자기 분수를 지킬 수 있는 것이다. 초등학교 4학년 때 엄마와 함께 달린 5Km 단축마라톤.

또 일간을 중심으로 천간이 순생順生하면 총명하다. 예를 들어 임시壬時, 경일庚日, 무월戊月이란 사주는 토월(土) → 금일(金) → 수시(水)처럼 배열되어서 토생금, 금생수로 순생하는 사주라, 아이가 총명한 머리를 갖게 된다. 수水는 총聰이고 화火는 명明이다. 수일간(임, 계 일간)이나 화일간(병, 정 일간)이면 영리한데, 여기에 식상이나 인성이 시간/월간에 자리 잡으면 공부를 잘하게 된다. 수빈이처럼 오행을 고루 갖추고 있으나 한 방향으로 치우쳐 있는데, 사주 안에 인성이 제자리를 잘 잡고 있으면, 그야말로 공부에 일로매진해서 좋은 성적을 거둘 수 있는 팔자다.

명리학은 과학이다

수험생 보약을 지어달라고 오는 학부모에게 나는 먼저 사주를 본다. 그래서 그 학생이 문과로 가야 할지, 이과를 보내는 게 좋을지 먼저 본다. 사업보다는 공부가 성공할 확률이 제일 높다고들 한다. 하지만 이미 우리 사회는 부의 대물림 때문에 가정 형편이 어려운 학생은 높은 성적을 거두기가 하늘의 별 따기보다 어려운 일이 되고 말았다. 그럼에도 불구하고 공부를 해야 하는 학생과 일찌감치 기술을 배워야 할 학생은 팔자소관으로 갈리는 게 사실이다. 그걸 억지로 부정하고 공부가 맞지도 않고 되지도 않는 학생에게 자꾸 비싼 돈 들여봤자, 아무런 효과도 볼 수 없다는 사실을 분명하게 밝

혀둔다.

　필자를 운명론자라고 매도해도 괜찮은데, 팔자란 것은 무시할 수 없다. 이를테면 나처럼 60년대 생이고 남자로 태어났으며 지방에서 살고 부모님이 노동자라면 대강의 방향이 결정되기 마련이다. 사회 변혁운동에 관심을 가질 수밖에 없는 시대를 살았고, 남성 우월주의를 가질 확률이 높으며, 군대를 다녀와야만 했고(필자는 고등학교 3학년 때 받은 귀 수술 후유증으로 청력 손실이 있어서 군대는 면제다만.) 30대에 아이엠에프를 겪는다. 이런 사실은 개개인의 인생에서 대단히 중요한 변화를 예고한다. 사주는 타고나면서 개인의 기질과 품성이 일정하게 천지 기운의 영향을 받는다는 것인데, 믿고 안 믿고는 각자의 몫이다. 하지만 나는 한의사로 지금까지 25년간 임상을 했고, 한의학 역시 음양오행론을 기반으로 하는 학문인데, 나름 일정한 치료 성과를 거뒀다고 자부한다. 명리학 역시 한의학과 동등한 엄밀성을 갖춘 학문이라고 믿는다.

팔자도 선택과 노력에 따라 달라진다

수빈이가 공부를 열심히 한 걸 팔자소관이라 치부하면 굳이 이 책을 쓸 필요도 없었을 것이다. 처음부터 말했지만 팔자란 모든 가능성을 열어두고 있다. 그중 어떤 길을 걸을 것인가, 걷게 할 것인가는 순전히 본인과 학부모들의 선택과 노력에 달려 있다. 수빈이는

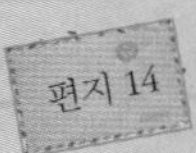

배워서 남 주는 생활을 하고 싶어요

아빠: 사회학을 공부하고 싶어하는데, 왜인지? 어떤 각오로 대학생
활에 임하고자 하는지?

아들: 제가 공부하려는 학문은 엄밀히 말하면 사회학이 아니라 사회
심리학이에요. 군중의 집단적 심리, 말하자면 군중심리, 사회
공동체의 심리 양상 등을 연구하는 학문이에요. 21세기로 들
어오면서 인터넷은 군중이 큰 힘을 가지게 하는 역할을 했죠.
사람들이 집단적인 동조현상을 보여주기가 이전보다 쉽게 되
었고, 인터넷 공동체에 전혀 소속되지 않기는 어려운 시대가
됐어요. 그런 사람들의 심리적 동기, 행동의 원리를 연구하는
게 재미있을 거 같아요. 그리고 제가 공부하는 삶을 살겠다고
결정했기도 하고. 그렇다면 무언가를 공부할 것인가 하는 결
정에서, 가장 흥미를 끄는 것을 선택한 거예요.

사실 사회심리학만을 공부하며 살지는 모르겠어요. 저는 인
문학도 좋아하거든요. 인문학 중에서도 특히 철학. 사회과학
이 '사람이 어떻게 사는가'를 보여준다면, 인문학은 '사람은
어떻게 살아가야 하는가'를 말하는 학문이라고 생각해요. 칸
트의 말을 살짝 빌리자면, 인간의 실재에 대한 관찰이 없는
사유는 맹목적이고, 인간의 바람직함에 대한 연구 없는 관찰
은 공허하다고 생각해요.(원문은 '직관 없는 사유는 공허하며,
사유 없는 직관은 맹목적이다.')

두 학문 모두, 하나만 공부해도 일생을 바쳐야 할 정도로 깊은 우물이며 먼 길이지만, 둘 모두가 필요하다고 생각해요. 사실 결정적인 순간에, 지금 끝난 대학 입시도 큰 순간이지만, 정말로 결정적인 순간에 제가 둘 모두를 선택할지, 하나만 선택할지도 아직은 모르겠어요.

대학 생활은 공부하며, 공부해서 남을 주는 생활을 하고 싶다는 각오예요. 대학생 멘토링 제도라는 게 있는데, 배움을 원하는 아이들을 대학생이 무료로(혹은 싸게) 가르치는 제도예요. 저는 제가 사회에서 많은 것을 받았고, 받은 것을 줄 수 있는 방법을 생각해야 한다고 봐요. 대학생이 사회에 줄 수 있는 건, 개인차가 있겠지만 저는 교육이라고 생각해요. 그래서 가정형편의 문제로 사교육을 원하지만 받지 못하는 아이들을 가르치면서 지내고 싶어요.

다행히 어려서부터 독서에 취미가 있었고, 나는 양육 방식에 문제가 있다는 사실을 깨닫고 격려하고 자존감을 고취하는 방향으로 노력했으며, 적절한 한약을 잘 썼기에 좋은 결과가 나왔던 것이라고 믿는다.

수빈이는 결국 11월 수능에서 국어, 영어, 동아시아사에서 한 문제씩을 틀렸다. 수학과 한국사 과목은 만점이었다. 국영수 표준점수는 405점, 사회탐구 백분위는 96. 92%였다. 우리는 이런 성적에 만족했다. 만점을 맞았으면 하는 바람이 왜 없었겠느냐만, 수빈이가 올릴 수 있는 최선의 점수가 아니겠느냐고 받아들였다. 본인도 그렇게 생각하는 듯했다.

수시는 치지 않기로 했다. 서울대 수시를 내기엔 내신이 안 좋았고, 다른 대학 수시는 일단 합격하면 서울대에 응시할 수 없어서 포기했다. 그리고 정시에서 수빈이는 고려대학교 사회학과에 합격했다. 고려대와 연세대를 놓고 살짝 고민했는데, 수빈이가 고려대 학풍이 좀 더 적성에 맞겠다며 선택했다. 내가 고등학교에 다닐 때 정말 가고 싶었던 학교였는데, 이제 30년도 더 지나서 내 아이가 이 학교에 갈 수도 있다고 생각하니 기쁜 마음이 컸다.

서울대학교를 포기한 것은 아니었다. 사회학과가 속한 사회과학대학에 가자니 성적이 조금 불안했다. 입시컨설팅 업체에선 소비자아동학과를 가라고 권했고, 학교에서도 그렇게 하라고 말씀하셨지만, 우리는 인문계열에 응시하기로 했다. 수빈이는 2배수 안에만 들면 논술로 모자란 점수를 만회하겠노라 기염을 토했고, 꼭 그런 결과가 나오지 않아도 적성에도 맞지 않는 과를 '서울대'라는 간판 따자고 보낼 수는 없었다. 수빈이 생각도 같았다. 다행스럽게도 수빈이는 2배수를 뽑아 논술을 치르는 등수 안에 들었다.

수빈이가 어려서부터 열심히 독서를 했고, 그런 독서는 결국 글쓰기에도 좋은 영향을 미쳤다. 자식 자랑 같아서 민망하지만, 학교나 학원에서 논술 지도한 선생님들께서도 괜찮게 쓴다며 칭찬을 해주신 적이 많았다. 나 자신이 고등학교 이후로 지금까지 줄곧 글쓰기를 취미로 한 사람이라 내가 보기엔 모자란 점이 많았지만, 논술을 지도할 실력도 경험도 없어서 선생님들에게 부탁하고 가끔 논술 답안지를 검토해주는 선에서 끝냈다. 그리고 1월 14일 서울대학교에서 2차 논술고사를 치렀고, 2월 4일 오후 5시 ARS 음성안내로 수빈이 합격소식을 전해 들을 수 있었다.

나 자신이 32년 전에 관악산 기슭에 서 있는 이 대학교에 시험을 치러 왔다가, 낙방이란 결과를 받아들고 터덜터덜 한의대에 들어갔던 추억이 아련하게 밀려왔다. 기쁜 것은 당연한 일이었지만, 특별한 감정이 든 까닭은 선친께서 바로 당신 자손 중에 서울대학교에 다니는 사람이 나오길 간절하게 바라셨기 때문이었다. 비록 나는 아버지에게 아무런 효도도 해드리지 못한 바보 같은 아들이었지만, 아비의 부족함을 손자가 조금은 메워준 것 아닌가. 저승에 계신 아버지도 굽어보시며 흐뭇하셨으리라. 원님 덕에 나발 불기겠지만, 아들 덕에 돌아가신 부모님께 죄송한 마음을 조금 덜면서, 나는 정말 기뻤다.

5부

한의학으로 학습장애 치료하기

한의학의 가장 중요한 치료 수단인 한약이 건강보험에 적용되지 않기 때문에 환자가 약값을 전부 내야 하는 치명적인 약점에도 불구하고 한의학은 여전히 전체 의료시장에서 무시할 수 없는 부분을 차지하고 있다. 한의학이 질병을 치료할 수 없는 단순한 보신 의학이거나, 한의사가 의료인이 아니라 건강음료 판매상에 불과하다면 그런 학문은 폐기되어야 마땅하다. 모든 한의사는 면허를 국가에 반납하고 각자 살길을 찾아 나서야 마땅할 것이다. 그런 일이 벌어지지 않는 까닭은 반대로 한의학이 질병 치료라는 의료 본연의 소임에 충실히 부응하고 있기 때문이다.

" 고방이란 무엇인가

지나치게 긴장해서 시험을 망치는 경우

아침에 일어나기 힘든데, 비염도 있는 경우

큰 문제는 없고요, 지치지 않게 해주세요

머리가 자주 아프다(1)-소화기에 문제가 없는 경우

머리가 자주 아프다(2)-소화기에 문제가 있는 경우

장원단과 공진단

머리는 좋은데 공부를 안 해요

신경정신과 약을 먹는 학생의 경우

손발이 너무 차가워요

변비는 성적 잡아먹는 괴물 **"**

——

12장

고방이란 무엇인가

과잉행동장애

인기 연예인 노홍철 씨가 주의력결핍 과잉행동장애ADHD라는 보도
가 있었다. 유쾌하지만 약간은 시끄럽고 정신 사나운 캐릭터인 홍
철 씨는 실제로 과잉행동장애란 병 때문에 그렇게 행동했던 셈이
다. 어려서 주의가 너무 산만하다고 걱정이 많았던 부모님이 바둑
을 가르치기도 했다는데, 이런 문제가 있으면 바둑이 아니라 무엇
을 가르쳐도 공부를 잘할 수는 없었을 것이다.

　공부란 집중력과 반복 학습이 전부라고 할 수 있다. 하지만 과잉
행동장애가 있는 학생은 수업 중에 선생님 말씀을 주의 깊게 듣고,
집에 와서 궁둥이 붙이고 앉아서 반복해서 외우는 것을 하기 싫어
한다. 아니, 아예 그런 행동을 할 수가 없다. 홍철 씨가 공부를 잘하

려면, 바둑 대신 석고라는 한약을 써서 번열煩熱을 꺼주도록 한의원을 찾아야 했다.

　서양의학에서 ADHD를 치료하는 대표적인 약인 '콘서타'가 한때 강남 학습장애클리닉에서 '공부 잘하는 약'으로 대히트를 치고, 무분별하게 투여돼서 문제가 된 적이 있다. 이런 종류의 양약은 부작용도 많고 의존성이 강하기 때문에, 전문가의 진단에 따라 매우 신중하게 투여해야 한다. 그럼에도 불구하고 단순한 주의력 결핍이나 불안신경증 등에도 남용되는 일이 있는데, 그런 까닭에서인지 한약으로 ADHD를 치료할 수 있다고 말하면 부작용은 없느냐고 물으시는 분이 의외로 많다. 물론 한약도 전문의약품이기 때문에 환자의 증상과 맞지 않는 처방을 하면 부작용이 나타난다. 하지만 제대로만 처방해서 사용한다면 어떤 부작용도 없이 뛰어난 치료 효과를 보여주는 게 한약, 특히 고방의 힘이다.

　학습장애를 유발할 수 있는 질환은 ADHD 말고도 매우 많다. 학습장애를 치료하는 한약에는 어떤 것이 있는지를 알아보고, 어떤 기전과 과정을 통해 치료되며, 학부모와 학생은 어떤 노력을 해야 하는지에 대해 알아보기로 한다. 그러기 위해 우리는 한의학이 어떤 학문인지, 고방이란 무엇인지, 고방에서 병을 바라보는 관점은 어떤 것인지를 먼저 이해할 필요가 있다.

한의학, 신비의 학문인가?

독자 여러분께서는 한의학에 대해 어떤 생각을 갖고 계신가. 손목에 묶은 실로 맥을 봐서 병을 알아맞히고, 약 몇 첩으로 말기 암 환자도 벌떡 일으켜 세우는 신비한 의학일까. 일부 서양의학 전공자들의 저주처럼 무당 굿거리만도 못한 혹세무민의 장난이 아닐까. 한약은 보약이란 이름 아래, 먹어도 그만 안 먹어도 그만인 건강음료에 불과한 것일까. 아니면 실제로 온갖 병을 치료하는 엄중한 약물일까.

서양의학의 빛나는 성취와 건강보험이란 제도에 가려진 한의학은 온갖 오해와 누명을 쓰고 비주류 의학으로서 사회적 주목을 받지 못하고 있지만, 우리나라의 열 개 대학과 부산대학교 한의학전문대학원에서 6년제(한의전원은 4년제) 정규 과정을 거친 뒤 한의사 국가고시에 합격한 전문인들이 질병 치료라는 목표를 향해 매진하고 있는 실용과학이다.

실용과학이란 표현에 저항감을 느낄 분이 계실지도 모르겠다. 하지만 과학이란 근대 서양에서 발전한 사이언스science만을 가리키는 것이 아니다. 뉴턴과 데카르트의 업적 위에 세워진 서양근대과학은 인류가 가졌던 수많은 과학문명 중 하나에 불과할 뿐이다. 물론 근대과학은 인간 이성을 무한대로 확장해서 인류에게 엄청난 발전과 이익을 가져다주기도 했지만, 이것만이 유일한 과학이라고 주장할 수는 없다. 근대과학이 저지른 폐해도 이루 말할 수 없이 커서, 우리 인류는 근대과학을 대체할 수 있는 새로운 과학체계와 이론을 지금도 열심히 찾고 있기도 하다.

한의학은 고대 중국을 중심으로 하는 동아시아 지역에서 발전한 질병 치료체계이자 실용과학이다. 어떤 학문이 과학의 지위를 갖기 위해선 두 가지 전제를 충족해야 한다. 하나는 그 과학체계 안에서 특정한 실험 결과가 반복적으로 나타나서 그 결과를 검증할 수 있어야 하고, 다른 하나는 학문 이론으로 자연계에서 일어나는 다양한 현상을 모순 없이 설명할 수 있어야 한다. 한의학은 그 두 가지 조건을 모두 갖추고 있기 때문에 과학이다.

또한 한의학은 질병을 치료하는 실용학문이다. 실제로 많은 국민이 질병을 치료하기 위해 한의원과 한방병원을 찾고 있다. 한의학의 가장 중요한 치료 수단인 한약이 건강보험에 적용되지 않기 때문에 환자가 약값을 전부 내야 하는 치명적인 약점에도 불구하고 한의학은 여전히 전체 의료시장에서 무시할 수 없는 부분을 차지하고 있다. 한의학이 질병을 치료할 수 없는 단순한 보신 의학이거나, 한의사가 의료인이 아니라 건강음료 판매상에 불과하다면 그런 학문은 폐기되어야 마땅하다. 모든 한의사는 면허를 국가에 반납하고 각자 살길을 찾아 나서야 마땅할 것이다. 그런 일이 벌어지지 않는

까닭은 반대로 한의학이 질병 치료라는 의료 본연의 소임에 충실히
부응하고 있기 때문이다.

고방이란 무엇인가

한의학은 기록에 나타난 것만 따져도 이미 2,200년 이전부터 인간
의 질병을 치료하고 있었다. 보통 3000년 역사라고 말하는데, 그렇
게 장구한 세월이 지나면서 한의학은 수많은 위대한 의사들에 의해
다양한 유파로 분화해왔다. 예를 들자면 이제마의 사상의학은 완벽
한 이론적 체계와 치료방법을 가진 독특한 한의학의 한 분과인데,
한의학 범주 안에 자리 잡고 있으면서도, 기존의 한계를 체질의학
이란 분야로 새롭게 확장하고 있다. 물론 그렇다고 사상의학이 한
의학의 전부인 것은 아니다.

　한의학을 매우 거칠게 나누자면 경락이론과 한약 처방이란 두 분
야로 구분할 수 있다. '경락'이란 우리 몸에 있는 통로(네트워크)이
다. 혈관, 신경망, 림프망, 근육망처럼 우리 몸을 종횡으로 얽어매
고 있는 경락은 기혈이 지나는 통로다. '기혈'이란 생명력의 원천
또는 발현이며 생체에서만 존재하기 때문에, 기혈의 통로인 경락
또한 해부를 통해서 확인할 수는 없다. 한의사가 침을 놓고 뜸을 뜨
는 치료는 모두 경락 위에 있는 경혈을 자극하는 것인데, 기록에 따

르면 침법은 중국 황하를 중심으로 하는 중원이 아니라 그 동쪽에서 유래했다. 어쩌면 우리 동이족이 경락과 침법의 원류인지도 모를 일이다.

침과 뜸이 피부와 피하지방층 또는 상부 근육층에 있는 경혈을 자극해서 내부 장기의 질병을 치료하는 것이라면, 한약은 각종 약재를 달이거나 가루로 내어서 내복함으로써 체내에서 질병을 일으키고 있는 독소를 제거하려는 치료법이다. 고대에는 한약이라 부르지 않고 방方이라 불렀다. 환자를 진찰하고 증상에 적합한 약을 결정하는 것이 처방處方이다. 이 한약 처방의 가장 오래된 형태를 보통 고방古方이라 부른다.

고방의 발전

고방은 후한 시대 사람인 장중경의 《상한론傷寒論》을 경전으로 삼는다. 전해지는 말에 따르면 장사 태수로 부임한 장중경이 전염병이 창궐하여 사람들이 죽어나가자 그것을 치료하기 위해 이 책을 지었다고 하는데, 장중경 한 사람의 저작이라기보다는 은나라 · 주나라 이후 춘추전국시대를 거쳐 한나라까지 이어지는 고대 중국의 모든 의학적 경험과 학문의 축적이라고 봐야 옳을 것이다. 아무튼 장중경은 《상한론》을 통해서 치료법을 세우고 처방을 쓰는 기본원칙(이를 입법방약立法方藥이라 부른다.)을 확립한다.

외부에서 독소가 침입하거나 인체 내부에서 음식을 통해 쌓인 독소가 질병을 일으키는데, 한약을 통해서 이를 몸 밖으로 빼내야 병이 치료된다고 보는 것이 《상한론》에서 바라보는 질병관이라고 말할 수 있다. 독을 빼내는 방법은 땀을 내거나(汗), 토하게 하거나(吐), 똥오줌으로 빼내거나(下), 인체가 스스로 알아서 독소를 제거하는 법(和) 중 하나이다. 이상의 네 가지 방법(汗吐下和)이 질병을 일으키는 독소를 직접 몸 바깥으로 빼내는 방법이다.

고방은 매우 예리한 단도와 같아서 질병을 치료하는 힘이 강력하지만, 만일 처방을 잘못하는 경우에는 부작용도 만만치 않다. 특히 고대에는 노동량은 많고 생산성은 낮아서 영양 상태가 부실했기 때문에 땀을 내야 할 환자에게 설사를 시키거나, 처방을 제대로 쓰지 못하고 순서를 바꾸거나 하면 병이 악화되는 경우가 많았다.

고방과 후세방

그래서 후대로 내려오면서 여러 의사가 연구를 거듭해 기존의 고방에 다른 약물을 가미하거나 아예 새로운 처방을 만들어서 좀 더 순하게 병을 치료하는 방법이 연구됐는데, 이를 후세방後世方이라 부른다. 장중경의 고방은 대략 220가지 처방으로 정리됐는데, 후세방은 더욱 방대한 양으로 늘어났다. 명나라 시대에 편찬된 《보제방普濟方》이란 책에는 무려 6만 1,739가지의 처방이 실려 있고, 현대에 오면 숫자를 헤아리는 게 무의미할 정도로 수많은 처방이 존재한다. 후세방은 기존의 네 가지 치료법 외에 온, 청, 보, 소 네 가지 치료법이 보태져서 한의학의 치료법은 팔법(汗吐下和溫清補消)이 된다. 제아무리 다양한 질병이 있어도 한의학의 치료법은 이 여덟 가지 방법 안에서 모두 구현된다.

고방에서 후세방으로 확대되는 과정은 한의학의 분화발전 과정이라고 볼 수 있다. 당시의 시대적 배경과 요구가 한의학 처방의 분화를 요구했다. 사실 지금 우리나라에서 일반적으로 사용되는 처방은 대부분 후세방이라고 봐도 좋다. 필자도 7년 전까지는 후세방을 주로 사용했고, 장중경의 고방으로 병을 치료한 적은 거의 없었다. 장중경의 《상한론》을 대학에서 정규과목으로 배우기도 했고, 개인적인 관심도 없지 않았지만, 자주 사용할 수 있는 처방은 아니었다. 고방을 잘못 쓰면 부작용이 만만치 않다는 말을 교수님이나 선배들에게 자주 들었기 때문이기도 하고, 내과 부인과 소아과 정신과 요법과 등 대부분의 한의학 분과 교과서가 후세방을 기본으로 삼고 있기 때문에, 고방이 생소한 까닭도 있었다.

고방은 실제로 역사에서 거의 사라질 뻔하기도 했다. 송나라 이후 금원 시대를 거치면서 중국에서는 고방을 처방하는 의사의 자취를 찾아보기 힘들었다. 그랬던 고방이 엉뚱하게도 18세기 일본에서 불쑥 나타난다. 그리고 짧은 융성기를 거쳐 바로 증치의학 또는 황한의학이라 불리는 형태로 변형된다. 그 뒤에 고방은 다시 수면 아래로 잠기게 되는데, 1980년대 이후 한의대를 다녔던 젊은 한의사들의 노력에 힘입어 우리나라에서 다시 부활하게 된다.

고방이 대한민국의 젊은 한의사들 사이에서 다시 주목받게 된 가장 큰 까닭은, 이것이 시대적 요구에 맞기 때문이었다. 건강보험 체제에 편입되지 못한 한약은 양약보다 대단히 비싼 약값을 내야 겨우 먹을 수 있는 귀한 몸이 되었다. 그 결과 불행하게도 한약은 치료 위주가 아니라 보약 위주의 길을 걷게 된다. 하지만 의학이란 본래 질병 치료가 존재 이유이며, 보약은 한의학의 극히 일부분에 지나지 않는 것이다. 또한 지금은 영양결핍이 문제가 아니라 비만과 성인병이 문제가 되는 과잉 영양 시대가 아닌가. 환자들에게 직접 독을 빼내는 약을 써야만 효과를 볼 수 있는 경우가 훨씬 많아졌다고 생각한다.

고방은 양날의 칼이다. 잘 쓰면 매우 빼어난 치료 효과를 바로 보여주지만, 실력이 부족한 의사가 잘못 처방한다면 그 부작용은 상상 이상이다. 필자도 2007년 이후로 고방만 쓰고 있고 후세방은 전혀 쓰지 않는데, 한방내과 전문의 과정을 이수하고 대학원에서 한의학 박사 학위를 받고 이후에 한의대 교수와 대학병원 병원장 직무대행까지 거친 뒤에야 비로소 입문했는데도, 고방에 익숙해지기까지 대단히 어렵고 심지어 눈물겹기까지 한 과정을 거쳐야만 했다.

고방은 내가 선택한 처방

고방은 쉽게 말하면 땀과 똥오줌으로 독을 빼내는 방법이다. 토법은 잘 쓰이지 않는다. 한약을 먹고 설사가 나면 약이 잘못됐다고 물려달라는 환자가 태반인 현실에서 고방을 고집하기란 쉽지 않은 일이다. 필자가 후세방으로 한창 잘 나갈 때에는 하루에 60여 명 이상의 환자를 보고 스무 제 이상 한약을 달이기도 했는데, 고방으로 돌아선 뒤론 하루에 본 환자가 고작 네 명에 지나지 않았을 때도 있다. 도저히 생계를 유지할 수가 없어서 고방을 접고 다시 후세방으로 돌아가야 하는 게 아닌지 진지하게 고민하기도 했다. 그럼에도 불구하고 고방만으로 환자를 치료하겠다고 다짐한 까닭은, 고방이 보여주는 뛰어난 치료 효과 때문이다. 그리고 지금 나는 고방으로 환자를 치료하는 것에 나름의 긍지와 자부심을 갖고 있다.

오해 없으시기 바란다. 필자는 고방이 후세방보다 우월하다고 말하는 것이 아니다. 고방은 고방대로 후세방은 후세방대로 오랜 세월 동안 수많은 한의사의 연구와 임상이 쌓여서 완성된 분야이다.

내가 교수 발령을 받고 병원장 직무대리를 맡아 우석대학교 김제한
방병원에서 중풍 환자들과 각종 난치병 환자들을 치료했을 때도 후
세방이 주 처방이었다. 지금도 후세방으로 열심히 환자를 치료하고
있는 수많은 한의사들이 있다. 또한 사상의학은 고방과 후세방과는
또 다른 처방으로 환자들을 치료하고 있다. 태권도 사범이 기왓장
을 열 장씩 격파한다고 처음 배우는 유도를 잘하는 게 아닌 것처럼,
고방과 후세방, 체질의학은 각자 서로 다른 처방일 뿐이다. 다만 내
가 임상에서 고방으로 학습장애를 치료하고 있기 때문에 이 책에서
는 고방만 다루고 있을 뿐이지, 후세방이나 체질처방으로 학습장애
가 치료되지 않는다는 말은 아니니 독자 여러분께서는 오해가 없길
바란다. 내 부족한 설명이 고방을 사용하지 않는 동료 선후배 한의
사 분들에게 누가 되지 않기를 바라마지 않는다.

———

13장

지나치게 긴장해서
시험을 망치는 경우

• • •

계증

지나치게 긴장해서 시험을 망치는 경우가 잦은 학생은 고방에서 계
悸라고 부르는 병이 있는 것이다. 계는 심계心悸다. 심장이 두근두
근하는 것을 자각적으로 느끼는 것을 계라고 부른다. 수능시험을
본다거나, 중요한 면접을 치른다거나, 회장님 앞에서 직접 프레젠
테이션을 해야 할 때처럼 중요한 일을 앞두고, 도무지 가슴이 두근
거려서 긴장을 풀지 못하고 실수를 연발하거나 결과를 망쳐본 적이
있다면 계증悸證이다. 증證은 변變이다. 변이란 전에는 없던 병적
인 상태가 나타나는 것을 말한다. 상常은 그런 증상이 있기는 하지
만 실제로 어떤 병적인 상태가 되지는 않는, 정상적인 범위 안의 상
태를 말한다. 다시 말해서 항상 특정한 상황이 되면 불안해지고 가

숨이 두근거리긴 하지만, 그것이 일상생활에 지장을 주지 않는다면, 굳이 치료할 필요는 없다. 시험을 볼 때마다 긴장이 지나쳐서 결과가 나쁘게 나온다면 물론 치료를 받아야 한다.

서양의학에서 불안신경증이나 갑상선기능 항진증, 갱년기 우울증 등으로 부르는 질병에서 비슷한 예를 볼 수 있는데, 막연한 불안감이 아니라 시험 면접과 같은 구체적인 사안이 있을 때 긴장과 불안이 심해지고, 심리적·육체적으로 위축되며, 손이나 눈꺼풀이 떨린다면 계증으로 보고 치료한다. 특히 임상적으로 중요한 증상이 손발이나 입술, 눈꺼풀 등이 씰룩거리며 떨리는 것인데, 이를 육순근척肉瞤筋惕이라 하고 계증은 육순근척을 동반할 때에만 임상적으로 의미가 있다.

계증 환자의 치료는 쉽지 않다. 보통 수독水毒이 계증의 원인이지만, 임상에서 보자면 그 외에도 결독結毒이라든가 연만攣과 같은 다른 일독一毒이 더 끼어 있는 경우가 많다. 그리고 계증은 증상이 자주 바뀐다. 심하면 약 두세 첩에도 증상이 변해서 다른 처방을 내려야 하는 경우도 종종 있다. 계증 환자는 심약한 경우가 많지만 그만큼 의심도 많고 까다롭다. 한의사와 관계가 좋다면 전적인 신뢰를 보내지만, 초면이라면 '대학병원 모모 교수도 못 고친 내 병을 네가 고쳐?' 하는 불신이 깊다. 그래서 한의사 지시를 무시하고 임의로 치료를 중단하는 경우가 많아 병을 악화시키는 경우가 허다하

다. 계증 환자 한 명 보기가 어지간한 난치병 환자 세 명 치료하기
보다 어려울 때도 있다.

복령이 기본

심장이 두근거리는 것만으론 계증이라고 하지 않는다. 눈꺼풀이나
입술 주변이 씰룩거리거나 손이나 발을 자기도 모르게 떠는 경우까
지 함께 나타나야 계증으로 보고 치료하는데, 주약은 복령茯苓이
다. 복령은 죽은 소나무 뿌리에 기생하는 구멍버섯의 균체를 말한
다. 소변을 잘 보게 하고 소화기관을 이롭게 하며 정신을 안정시키
는 효과가 있다. 후세방에서 남자들의 기를 보충하는 대표약이 사
군자탕인데(여자들의 혈을 보강하는 대표약은 사물탕이다. 이 두 가지 처
방을 합하면 팔진탕이 되고 보약은 대개 이 팔진탕에서 비롯한다고 보아도
된다.) 복령은 바로 이 사군자탕에 들어가는 약이다. 하지만 고방에
서는 수독으로 인한 계증을 치료하는 주약이다. 다시 말하지만, 고
방에는 보약이란 개념이 없다.

복령이 들어가는 처방은 매우 많다. 계증을 치료하는 약은 보통
은 영계감 라인(복령, 계지, 감초가 들어가는 처방)에서 결정되는 경우
가 많지만, 그 외에도 복령은 다양한 약과 만나서 치료하는 질병의
범위가 매우 넓은 약이다. 부자, 감수, 대황처럼 독이 많고 병을 준

열하게 공격하는 약을 잘 쓰는 의사보다는, 위험도는 적지만(복령을
잘못 써서 부작용이 일어나도 아주 심각한 상태가 되는 경우는 드물다.) 복
령을 능수능란하게 쓸 수 있는 의사가 진정한 명의라고 생각한다.

　나는 복령이 들어가는 처방, 특히 영계감 라인으로 공황장애, 우
울증, 조울증, 불안신경증과 같은 진단을 양방 병원에서 받은 환자
를 여러 명 치료했는데, 학습장애 클리닉에서는 지나친 긴장과 불
안으로 시험을 망치는 학생 중 계증이 뚜렷하게 나타나는 경우에
사용하고 있다. 특히 시험 중에 수학 시험만 보면 긴장이 심해서 덧
셈, 뺄셈 같은 기초적인 부분에서 어처구니없는 실수를 연발하고,
아는 문제도 틀리거나, 같은 문제를 반복해서 틀리는 경우에 계증
환자가 많다. 이런 경우엔 대체로 불면증이나 가슴 답답함, 두통,
얼굴 홍조, 만성 피로감, 체력저하, 자주 감기에 걸리는 등의 증상
이 함께 나타나는 경우가 많은데 보통 공진단과 장원단을 탕약과
더불어 복용시킨다. 공진단과 장원단에 대해서는 별도의 장에서 설
명할 것이다.

의사를 믿어야 계증이 낫는다

계증 환자 치료에서 특별히 유념할 경우를 몇 가지 꼽아보자. 가장
주의할 것은 만성적인 두통과 손발이 유난히 차가운 증상이 함께

나타나는 경우인데, 이런 증상을 상충上衝이라 한다. 상충이 나타나는 환자는 어려서부터 몸이 약하고 특히 소화기가 약한 경우가 많다. 아이 때부터 소화기가 약하기 때문에 입이 짧아서, 채소는 먹지 않고 고기나 피자, 치킨, 라면 같은 패스트푸드처럼 단 음식만 좋아하게 된다. 그래서 소화기는 더욱 약해지고 전반적인 체력도 함께 약해진다. 계증 환자가 소화기도 약하다면 왕뜸 치료를 병행하는 것이 필요하다. 치료는 어려서부터 일찍 시작할수록 완치가 가능하므로, 어린아이가 손발이 차다든지 시험만 보면 긴장하여 망치는 기미가 보이면 바로 치료를 받는 게 좋다. 상충에 대한 자세한 설명은 계지탕을 설명하면서 자세히 하도록 한다.

계증 환자가 비염을 동반하는 경우가 있다. 보통 비염은 마황이란 약이 주약인데, 마황을 써서 치료해야 하는 비염 환자는 대체로 체격이 건장하거나 과체중이나 비만이 많다. 복령은 마황과 함께 쓰지 않는다. 마황증 환자라면 복령증이 나타나지 않고, 복령을 써야 할 환자에게 마황을 쓰면 심장 두근거림이 걷잡을 수 없이 심하게 나타나고 입이 마르고 불면증이 생겨서 온밤을 하얗게 새우는 일도 일어난다. 마황은 기본적으로 심장이 튼튼한 사람에게만 쓸 수 있는 약이고, 복령은 심장이 약한 사람에게 쓰는 약이다. 서로 길이 다른 약물이다. 만날 일이 없다. 다만 비만 환자의 경우, 그런 부작용을 각오하고라도 마황을 써야 할 환자도 드물지만 있으니, 주치의의 지시에 따르도록 한다. 일반적으로 계증 환자들은 비만이 잘 보이지 않고, 만일 비만이 있다면 마황이 아니라 방기를 써서 치료하는 것이 보통이다. 계증 환자가 비염이 심하다면 영계감 라인의 여러 처방 중에서 결정된다.

꾸준한 치료가 관건

비염은 경과가 좋다가도 치료하는 중에 감기라도 들면 다시 바로 도지기 때문에, 치료할 때뿐이고 잘 안 낫는 병으로 알려져 있는데, 이는 사실과 다르다. 비염은 잘 낫는 병이다. 다만 치료하는 과정 중에 증상이 다시 나타나는 경우가 잦은데, 그것은 병의 특성이 그렇기 때문이고, 그런 과정을 반복하면서 점차 회복된다. 성인의 경우엔 만성으로 진행되어서 콧속이 좁아지고 그래서 입을 벌리고 숨을 쉬기 때문에 코골이가 나타나고 거기에 수면 중 무호흡 증상까지 같이 나타나는 비염이라면 난치가 맞다. 하지만 이런 때에도 꾸준한 치료를 받으면 좁아진 콧속도 다시 뚫리고 코골이도 호전되면서 전반적인 상태가 회복될 수 있다. 하물며 초·중·고에 다니는 청소년이라면 완치율이 제법 높은 질환이다. 참고로 코를 고는 아이는 공부를 잘할 수가 없다. 자면서 뇌가 쉬지를 못하기 때문인데, 비만과 코골이는 학습장애를 불러오기 때문에 꼭 치료해줘야 한다.

계증을 후세방에서는 심담허겁 촉사이경心膽虛怯 觸事易驚이란 용어로 부른다. 소심하고 간이 콩알만 해서 어떤 일이든 두려워한다는 말이다. 대체로 온담탕, 귀비탕, 자음건비탕 등을 사용하는데, 이런 처방도 매우 효과가 있다. 물론 아이의 상태에 따른 약물 가감은 필수적이다. 후세방을 쓰는 한의원에서 이런 이름의 처방을 쓴다면 아, 우리 아이는 간이 작구나 생각하시면 되겠다. 계증 환자에게 사향이 들어가는 공진단 장원단 등을 함께 복용시키는 것은 사향이 막힌 기운을 뚫어주기 때문이 첫 번째 이유고, 머리로 쏠린 기운을 다시 밑으로 순환시키는 약으로는 공진단을 따라올 것이 없기 때문이다.

프리 샷 루틴

시험만 볼작시면 지나치게 긴장을 해서 결과가 안 좋게 나오는 수험생들을 위한 한 가지 팁을 드린다. 바로 시험 보기 직전에 프리 샷 루틴pre-shot routine을 실행하라는 것이다.

'프리 샷 루틴'은 골프 용어다. 선수들이 골프공을 치기 전에 손목을 풀고 공을 날릴 방향을 잘 잡고 자기가 겨냥한 방향이 맞는지를 뒤에서 점검하는 등의 동작을 모두 프리 샷 루틴이라고 부른다. 프리 샷 루틴에서 가장 중요한 것은 모든 동작을 자기만의 순서대로 반복해서 꾸준하게 하는 것이다. 이렇게 반복해서 프리 샷 루틴을 하게 되면 항상 일관되게 공을 칠 수가 있게 되고, 실수를 줄일 수 있다. 만일 프리 샷 루틴 중에 관중이 사진을 찍거나 소리를 내거나 해서 방해를 받으면, 다시 자세를 풀고 처음부터 과정을 반복한다.

골프를 잘 치는 사람일수록 프리 샷 루틴이 중요하다고 말한다. 이 세상의 모든 스포츠 중에서 마인드 컨트롤이 가장 중요한 운동을 들라면 하나가 골프고, 다른 하나는 양궁일 것이다. 이 두 종목에서 우리나라 선수들(특히 여자 선수들)은 압도적인 성적을 보이고 있는데, 그것은 우리나라 사람들이 그만큼 집중력이 강하다는 말도 되겠다. 그야말로 무념무상의 상태에서 활시위를 당기고 공을 쳐야만 좋은 성적이 나오게 되는데, 프리 샷 루틴이야말로 이 무념무상의 상태로 갈 수 있게 해주는 중요한 과정인 것이다. 우리는 시험을 보기 전에 해야 하는 동작이니 프리 테스트 루틴이라고 불러야겠지만, 이름이 중요한 건 아니니 그냥 프리 샷 루틴으로 넘어가자.

심호흡을 하고 손바닥을 비벼라

시험을 보면 제일 먼저 선생님께서 시험지를 나눠줄 테니 책을 다 가방에 집어넣으라고 말씀하실 것이다. 이때부터 시작한다. 시간이 모자랄 것 같으면 선생님이 들어오시기 전부터 시작한다.

먼저 심호흡을 한다. 다섯에서 일곱(홀수로 한다.) 정도를 천천히 헤아리면서 코로 숨을 들이쉰다. 배를 천천히 부풀리면서 항문을 조인다. 숨을 들이쉬는 중에 '나는 오늘 시험을 잘 볼 수 있다, 나는 실수를 하지 않는다, 나는 내 실력을 백 퍼센트 발휘한다.'는 긍정적인 다짐을 해도 좋다. 숨을 다 들이쉬면 항문에 완전히 힘을 주어 닫고, 들이쉰 만큼 숨을 참는다. 천천히 입으로 숨을 뱉으면서 부푼 배를 꺼트린다.

다음엔 손바닥을 비빈다. 손바닥은 마흔아홉 번을 비비는데, 열이 나도록, 손바닥이 붉어질 정도로 비벼줘야 한다. 이렇게 비빈 손바닥을 눈에 댄다. 눈이 시원해질 것이다. 횟수는 알아서 조절한다. 역시 3, 5, 7, 9 홀수로 한다.

다음엔 손가락을 주무른다. 엄지에서 새끼손가락까지 천천히 주무르고 특히 가운뎃손가락은 엄지손가락을 세워서 중지 끝을 꼭꼭 눌러준다. 가운뎃손가락 끝에는 중충中衝이란 혈이 있는데 이 중충혈은 수궐음심포경의 목혈로서 심포경의 마지막 혈이다. 정신이 산만해지지 않고 들뜨지 않게 가라앉히는 힘이 있다. 시험 중에 열심히 외운 게 기억이 날락 말락 할 때도 가운뎃손가락을 꼭 누르면 도움이 될 것이다.

손바닥 비비기와 손가락 누르기를 할 시간이 없다면 손바닥을 펴고 볼펜을 사이에 끼고 비벼도 된다. 서양의학에서도 사지 말단 부위를 자극해서 신경과 혈액의 흐름을 좋게 하면 대뇌의 긴장이 풀리고 안정이 된다고 말하고 있다.

경혈을 눌러주어라

마지막으로 뒤통수와 정수리에 있는 경혈을 꼭꼭 눌러준다. 손가락을 활짝 펴서 엄지는 밑으로 나머지 네 손가락은 정수리 부위에 대면, 엄지손가락이 자연스럽게 뒤통수 움푹 들어간 자리에 닿을 것이다. 이곳을 풍지風池혈이라고 부른다. 멋지지 않은가? 바람의 연못이라니. 바람이 불어오는 연못일 수도 있고 바람이 이 연못에 채워져 있다가 불어나가는 곳이란 말도 된다. 뒤통수에는 풍지혈 말고도 풍부風府(바람의 곳간)혈, 예풍翳風(바람의 치료자, 翳는 瞖＝醫와 같은 의미이다.)혈 등이 여럿 있다. 바람을 맞으면 제일 먼저 생기는 증상은 뻣뻣해지는 것이다. 마목痲木증이라고 부르는데, 정신도 몸도 부드럽게 풀려야 시험을 잘 보지 않겠는가. 풍부에서 풍지 완골 예풍을 꼭꼭 눌러서 풀어주고, 정수리 부분의 백회 전정 후정 통천 등의 경혈을 지그시 눌러서 풀어준다. 손가락을 세워서 새가 모이를 쪼듯이 톡 톡 톡 두드려주는 것도 좋다.

이상의 동작을 자기에게 맞게 횟수와 순서를 정해서 시험 보기 전에 한다. 보통 심호흡을 먼저 하고 손을 주무르고 머리에 있는 경혈을 자극하는 순서를 추천한다. 주의할 것은 순서를 일단 정하면 멋대로 뒤섞지 않고 순서대로 시행하는 것이며, 천천히, 하지만 집중해서 하는 것이다. 이 간단한 동작만으로도 마음을 가라앉히는 데 상당한 도움을 받을 수 있을 것이다. 물론 계증이 심해서 이런 프리 샷 루틴만으로 심장 두근거림이 가라앉지 않는다면 한약을 써서 치료해야 한다.

계증을 한마디로 정의하자면, '가벼운 신경정신과적 증상 집합'이라고 말할 수 있다. 불안, 집중장애, 불면, 지나친 긴장 등이 나타나고, 이런 증상이 특히 시험 때 심해져서 자기 실력을 잘 발휘하지 못하니까 문제가 된다. 계증은 한의사를 믿고 치료를 꾸준히 받아야 호전된다. 계증 환자는 의사를 잘 믿지 않는 경향이 있다. 계증 치료 초기엔 증상 변화가 심하고 호전되는 정도도 환자에 따라 들쭉날쭉하다. 하지만 비교적 치료가 잘되는 병이다. 고방으로 치료해야 할 학습장애 중에서 계증을 가장 먼저 언급한 까닭은, 고방이야말로 계증을 치료할 수 있는 강력한 방책이라고 믿기 때문이다.

———

14장

아침에 일어나기 힘든데, 비염도 있는 경우

● ● ●

수독이란

아침에 아무리 깨워도 5분만, 10분만 하면서 도무지 일어나지 못하는 학생들이 있다. 대체로 체중이 표준보다 좀 많이 나가고, 매사에 태평인 친구들이 많다. 잠만 많은 게 아니라 동작도 느리고, 늘 머리가 무겁다, 몸이 춥다, 잠을 아무리 자도 졸리다는 말을 달고 산다. 게다가 비염이 있어서 환절기만 되면 콧물과 재채기가 잦고, 잘 붓는다면 이 학생은 수독이 체표體表에 있는 것이다. 마황으로 날려서 수독을 없애줘야 머리가 맑아지고 추위를 타지 않고 공부를 잘하게 되는데, 심지어 살도 빠진다.

대관절 수독이 무엇이기에 이런 증상이 나타나는 것일까? 사람은 밥 먹고 물을 마셔야 살 수 있다. 그런데 이렇게 우리 몸에 들어오는 영양분들이 필요한 만큼 사용되고 나머지는 몸 밖으로 배출돼야 하는데, 그렇지 못해서(영양 과잉) 여러 가지 병이 생긴다. 인간은 수백만 년 동안 진화하면서 늘 굶주림에 시달렸다. 힘들게 일을 해야 겨우 겨우 하루 먹을 것을 벌 수 있었다. 그래서 우리 몸은 그에 맞춰서 영양분이 일단 몸 안으로 들어오면 그것을 잡아두는 쪽으로 진화했다. 살아남기 위한 몸부림이라고 할 수 있겠다.

그런데 대략 30년 전부터 생활수준이 높아지고 경제적 여유가 생기면서 우리는 갑자기 영양 과잉 시대를 맞게 되었다. 소비되는 것보다 더 많은 영양분이 몸에 쌓이고, 그것을 배출하는 능력은 제자리에 머문 결과, 소위 성인병(요즘은 생활습관병, 대사증후군으로 부른다.) 전성시대가 열렸다. 비만(복부 비만, 마른 비만), 당뇨병, 고혈압, 고지혈증, 심장질환, 중풍에 암까지 이르는 무서운 병들이 범람하고 있다. 물론 이런 병들은 한 가지 원인만으로 발생하는 것은 아니다. 스트레스나 운동부족, 수면부족, 영양결핍, 면역력 저하, 2차 감염 등 숱한 원인이 함께 빚어낸 것이지만, 몸 안에 축적된 과잉 영양분이 주요한 병인으로 작용하는 것은 숨길 수 없는 사실이다.

고방에선 이런 과잉 축적된 영양분 중에서 대변으로 배출되어야 할 고형성 노폐물을 결독結毒이라 부르고, 땀이나 소변으로 배출되어야 하는 수용성 노폐물을 수독이라 부른다. 결독과 수독은 일단 성분도 다르지만, 병독이 어디에 있느냐로도 갈린다. 결독은 주로 복부에 위치하지만, 수독은 전신에 분포한다. 그중 몸의 바깥쪽 겉 부분(체표)에 수독이 끼었을 때 바로 각성장애, 비염, 비만, 기면증 등이 생긴다. 수독은 체표뿐만 아니라 근육과 관절, 장부, 골수까지 들어가고, 머리끝에서 발끝까지 위로 아래로 가리지 않고 돌아다닌 다. 그래서 거칠게 나누면 질병 중 7할은 수독이 끼어서 생긴 병으 로 본다. 거의 모든 통증성 질환, 관절질환, 염증성 질환, 감염성 질 환 등등이 모두 수독 때문에 생긴다.

마황과 계지로 수독을 날려야

수독의 특징이 몇 가지 있다. 일단 붓고, 차가워지고, 아프다면 수 독을 의심하면 된다. 소변이 안 나오거나 너무 자주 나와도 수독이 고, 땀도 그렇다. 콧물이나 농이 나와도 수독이고, 열이 펄펄 끓어 오르는 병이라면 대개 수독이 원인이다. 수독은 정말 많은 병에 관 여한다.

그래서 수독을 치료하는 약물도 다른 독을 치료하는 약에 비해 압도적으로 많다. 그리고 그 맨 앞에 있는 약이 바로 마황과 계지 다. 마황과 계지는 체표에 낀 수독을 땀으로 날려버리는 약이다. 수 독이란 마치 물때가 낀 것처럼 몸에 부정한 체액이 쌓여서 정상적

인 체액 교환이 일어나지 않고, 수용성 노폐물이 쌓인 상태를 말하
는데, 수독이 몸의 바깥 부분에 쌓여서 병을 일으킬 때 마황과 계지
를 쓴다.

아침에 일어나기 힘들어 하고, 노다지 졸린다고 꾸벅꾸벅 잠을
자며, 비염으로 콧물과 재채기를 달고 사는데, 체중까지 비만에 가
깝다면 이건 마황으로 걷어내야 하는 수독이다. 체격이 크고 살집
이 많고 땀이 잘 나는 체질일 가능성이 많다. 사실 마황을 써야 하
는 사람은 잠도 잘 자고 밥도 잘 먹고 대변에 큰 이상이 없는 사람
이다. 반대로 이 세 가지가 문제가 있다면 마황을 써야 하는지, 다
른 약독藥毒을 써야 할지 고민하는 게 좋다.

환자의 병증에 따라 마황은 크게 둘로 갈리는데, 그 하나는 갈증
이 많이 나고 번조증이 있어서 안달복달을 해대고, 주의가 산만하
거나 잠꼬대나 혼잣말을 하면 번갈이 있는 것이다. 마땅히 석고와
만나는 처방 중에서 환자 병증에 맞춰 골라 쓰게 된다. 사실 번갈이
라 하지만 갈증이 주증인 때보다는 번이 주증상인 경우가 훨씬 많
다. 석고의 주치증이 갈번이 아니라 번갈인 까닭이다.

번煩은 글자 그대로 머리(頁) 꼭대기에 불(火)이 붙은 것이다. 그
러니 얼마나 급하겠는가. 안정을 찾지 못하고 좌불안석하거나, 진
득하게 붙어 있지 못하고 몸을 이리저리 움찔거리면서 해찰을 부리

는 것이 번이다. 앞서 말한 ADHD가 바로 전형적인 번에 속한다. 내가 치료한 환자 중에 ADHD 진단을 받고 야뇨 증상이 심한 학생이 있었는데, 마황과 석고, 출이 들어간 조합으로 치료해서 많이 호전된 바가 있다. 수업시간에도 자리에 앉지 않고 교실을 마구 돌아다니고, 밤에는 기저귀를 채울 수밖에 없을 정도로 소변을 가리지 못했는데, 둘 다 많이 좋아졌다며 보호자께서 치료 결과에 만족해했던 케이스다.

수빈이가 바로 이 경우에 해당했다. 시험이 끝난 지금은 열심히 다이어트도 하고 운동도 해서 제법 턱선이 살아나고 있는데, 중학교 3학년 이후로 고등학교에 다니는 동안에는 상당한 과체중이었다. 그도 그럴 것이 식성은 좋은데(마황은 잘 먹고, 잘 자고, 잘 눈다) 움직임은 없으니 살이 찌지 않을 도리가 없었다. 아침에 일어나는 일을 영 힘들어 했고, 깬 뒤에도 한참 동안 비몽사몽으로 헤맸다. 비염도 물론 있었다. 하루에 1.5리터 이상 물을 꼭 마셔야 했고, 그것도 찬물만 마셨다. 마황과 석고의 조합된 처방으로 치료했고, 계지이월비일탕과 계지마황각반탕을 증상에 따라 병용투여했는데, 아침에 일어나는 것도 수월하고 집중력도 더 좋아졌다. 그리고 확실히 번갈이 가라앉아서 학업에 더욱 매진할 수 있었다.

15장

큰 문제는 없고요,
지치지 않게 해주세요

● ● ●

땀을 내야만 효과가 있는 마황과 계지

학습장애 클리닉을 하다보면 제일 많이 듣는 요청이 이것이다.

"우리 아이는 큰 문제는 없는데, 공부하기 힘들어 하는 것 같습
니다. 쉬이 지치고 저녁에 오면 힘들다 하네요. 보약 한 제 지어주
세요."

진찰을 해봐서 정말 꼭 치료할 일독이 나타나지 않는다면, 마황
과 계지가 만나는 조합에서 처방이 결정되는 경우가 많다. 마황탕
에 계지가 들어 있기 때문에 마황탕 라인의 모든 처방이 마황과 계
지가 만나서 짜인 처방들이지만, 이 두 처방(계지마황각반탕, 계지이
마황일탕)을 특별히 꺼내는 까닭이 있다. 특별한 문제가 없을 때 사

용할 수 있는, 보약이 없는 고방에서 수험생들에게 쓸 수 있는 보약
이란 점 때문이다.

주의할 것이 있다. 마황에는 에페드린이란 알칼로이드 성분이 들
어 있는데, 이 에페드린이 바로 각성제의 기본 원료이다. 일제가 우
리나라 청년을 징용으로 끌고 가서 군수공장에서 밤낮없이 대포며
비행기를 만들게 할 때, 혹사당해서 밤에 조는 사람이 많아 불량품
이 많이 나왔다. 그래서 군수공장 노동자들이 야간작업을 할 때 잠
이 들지 않게 각성제를 개발했는데, 그게 바로 필로폰, 속칭 히로뽕
이다. 히로뽕 원료가 에페드린이다.

에페드린은 강심제로도 쓰이고 기관지 확장제로도 쓰이며 그 밖
에도 다양한 용도로 널리 쓰이는 성분이다. 그러므로 아무나 먹어
도 되는 보약이 될 수 없다. 반드시 한약 전문가인 한의사의 진찰과
처방에 따라 먹어야지, 그렇지 않을 경우 심각한 부작용에 빠질 수
있다. 그러니 내가 마황과 계지가 만나는 처방을 보약으로 쓸 수 있
다는 말은, 한의사가 볼 때 그렇단 말이지, 일반인들이 '난 별 문제
없으니까 이거 먹으면 되겠네.' 하면 불상사가 생기고 만다.

계지와 마황이 1:1 또는 2:1로 만나는 처방은 보약이 아니라 질
병 치료약이다. 다만 그 성질이 다른 고방에 비해 비교적 격렬하지
않다고 할 수 있다. 피곤에 지치고 수독이 쌓여 잠이 많아지고, 만

성 피로에 시달리며, 자꾸 몸에 한기가 들고, 몸살기처럼 등과 어깨
나 허리 등이 욱신욱신 쑤시는 학생에겐 좋은 치료제 겸 수험생 보
약이 될 수 있다. 임상에서 가장 많이 처방되는 게 사실이다. 하지
만 이 처방은 산후풍으로 전신 관절이 붓고 쑤시는 부인을 치료하
기도 하고, 심한 독감으로 열이 펄펄 끓으면서 몸살을 심하게 앓는
환자를 치료하는 약이기도 하다. 절대로 한의사 처방 없이 함부로
먹지 않아야 한다.

마황이나 계지를 주약으로 쓰려면 반드시 땀을 내야 효과가 있
다. 몸에 있는 독을 밀어내서 병을 치료하는 게 고방인데, 대소변으
로 독을 빼는 경우는 약이 그런 힘을 발휘하니까 그냥 약만 먹으면
된다. 하지만 마황, 계지는 땀으로 독을 날려버리는 약들인데, 마황
탕이나 계지탕 먹는다고 땀이 나지는 않는다. 땀은 체온이 올라가
서 그것을 떨어트리려고 몸이 반응하는 것이다. 마황과 계지가 들
어간 처방은 반드시 땀을 내야만 효과를 볼 수 있다.

16장

머리가 자주 아프다(1)

-소화기에 문제가 없는 경우

집중하면 머리가 아프다?

아이가 조금만 집중해서 공부하면 머리가 아파서 힘들어 한다는 하소연도 많다. 이때는 일단 소화기능을 먼저 살핀다. 소화기에 문제가 있는 경우와 그렇지 않은 경우가 접근법이 전혀 다르기 때문이다. 우선 소화기엔 큰 문제가 없는데 손발이 차고(특히 발) 추위를 심하게 타며 감기가 오면 주로 열감기나 몸살감기가 들고 쉽게 피로해하면 계지란 약으로 치료해야 한다.

　계지란 약을 개략적으로 정의하면, 우리 몸의 발한發汗기능을 조절해주는 약이라고 할 수 있다. 여러 번 언급했지만, 고방은 우리 몸에 독(노폐물)이 쌓여서 병을 유발한다고 보고, 병독을 땀을 내거나, 강제로 토하게 하거나, 대소변을 통해 내보냄으로써 치료하는 한의학 분야이다. 그중에서도 발한법은 생각보다 광범위하게 적용될 수 있는 치료법이다. 대부분의 호흡기 감염성 질환이 발한법을 통해 상태가 호전되거나 완치된다. 흔한 감기부터 2002년 중국 광둥성에서 시작해서 전 세계를 공포에 몰아넣었던 중증 급성호흡기증후군SARS에 이르기까지 호흡기 감염은 대체로 발한법으로 치료할 수 있는데, 그중 특히 계지가 중요한 약물이다.

예컨대 우리나라와 중국 동북부, 일본에서만 나타나는 지역성 질환인 '산후풍'은 출산 후 산모의 체액이 현저하게 저하된 상태에서 바람이나 차가운 기운風寒邪이 몸에 들어와 적절한 체온 및 발한 기능을 저해함으로써 나중에 관절염이나 근육통 등을 일으키는 질환이다. 역시 계지가 주약인 처방을 선정해 출산 후부터 예방 및 치료를 해야 한다. 참고로 말하자면 산후조리에서 산모를 뉘어놓고 하루에 다섯 끼씩 미역국을 먹이는 것은 산후 비만을 부르는 잘못된 요양법이다. 아이에게 모유 수유를 한다고 해도, 성인 여자의 권장 칼로리에서 700칼로리 정도만 더 섭취하면 되는데, 매일 다섯 끼씩 미역국에 쌀밥을 먹이면 비만이 되지 않을 도리가 없다. 샤워해도 되는 시점부터(출산 후 4~6일 이후) 적당한 보행과 맨손체조 등을 해야 하고, 음식량은 자기 평소 체중과 출산 후 체중 감소폭을 보면서 적절하게 줄여나가야 임신 전의 몸무게를 유지할 수 있다.

오풍과 근육통

다시 정리하면 충역衝逆으로 인한 오풍惡風과 근육통을 동반하는 모든 질환에 계지를 쓴다. 오풍은 오한과 다르다. 실내에 있을 때는 추위를 타지 않지만, 바깥에 나가 바람을 맞거나 하면 추위를 타는 것이 오풍이고, 오한은 실내외를 막론하고 춥고 몸이 떨리는 증상이다. 오풍, 오한은 모두 주로 선풍기나 에어컨 바람이 싫다고 하며, 오풍은 보다 일상적으로 나타나지만, 오한은 감기에 걸리거나 염증이 심해지면 나타난다. 근육통은 근육에 피로물질이 쌓였는데 혈액순환이 원활하지 않아서 노폐물 수거가 늦어질 때 나타난다. 이럴 때 계지를 써서 땀을 내면 일시에 노폐물이 제거되고 체온 조절 능력이 정상으로 돌아와서 감염성 질환에 맞서 싸워 이길 힘이 생긴다. 후세방에서 과로 후에 몸살이 났을 때 계지와 작약이 주약으로 구성된 쌍화탕을 쓰는 것도 마찬가지 이유다. 사실 계지탕은 쌍화탕의 모방母方(모태가 되는 처방)이기도 하다.

머리가 아프다는 것은 뇌에 산소공급이 원활하게 되지 않고, 노폐물 수거가 늦어진단 말이다. 계지탕을 주약으로 써야 하는 두통 환자들은 평소에도 늘 얼굴에 화색이 없고 손발이 차며 생리불순이나 생리통을 겪는 경우가 많은데, 이것은 피가 모자라다는 반증이다. 공부란 결국 뇌세포를 활성화해야 하는데, 뇌에 산소와 영양분을 공급해야 하는 혈액량이 절대적으로 부족하고, 그 때문에 혈액순환에 차질을 빚기 때문에 머리가 아픈 결과로 나타나는 것이다. 이때 몸을 만져보면 머리는 뜨거운데 손발은 싸늘해져 있는 경우가 대부분이다.

중·고생은 하루에 최소 30분은 걸어야

한의학에서는 손발이 차고 머리는 뜨거운 증상을 상충上衝이라 부른다. 위로 기운이 쏠리면서 부딪친다는 말인데, 기운이 위로 몰리니 손발은 차갑고 머리가 아프게 된다. 불가에서 참선하는 스님들은 주기적으로 일어나 선방이나 사찰 경내를 걷는데, 이를 행선行禪이라 부른다. 참선이란 게 화두 하나 붙잡고 모든 망상이 끊어질 때까지 궁리하고 또 궁리하는 것인데, 이렇게 앉아서 골똘히 생각에 빠지면 반드시 상충이 일어나고, 상충을 방치하면 입마入魔에 이르게 될 수도 있다. 따라서 위로 올라간 기운을 아래로 내리기 위해 천천히 걷는 것을 주기적으로 해야 한다. 수험생도 마찬가지다. 앉아서 공부만 한다고 좋은 성적을 거둘 수 있는 것은 아니다. 하루에 한 번은 자기만의 산책 시간을 갖고 천천히 걷는 게 좋다. 동네 사람들이 그를 보고 시계를 맞추었을 정도로 규칙적인 산책을 즐겼던 칸트가, 만약 천천히 걷기 대신 조깅을 했다면 《순수이성비판》이 나오지 않았을지도 모를 일이다. 바른 자세로 걸으면 전두엽이 자극을 받아서 더욱 집중력을 높일 수 있으니 중·고등학생들은 마땅히 하루에 최소한 30분씩은 걸을 일이다.

　상한론 처방을 보통 220종류라고 하는데, 계지탕 라인이 가장 많아서 전체의 1/4에 달한다. 앞에서도 말했지만, 계지탕은 후세방에 와서 쌍화탕과 기타 보약의 모방이 되는 좋은 약이다. 학생의 상태와 증상에 따라 적절하게 쓰면 몸도 건강해지고 피로도 물리치며 만성적인 두통에서 해방될 수 있다. 계지탕은 증상만으로는 쓸 수 없고, 반드시 복부에서 결실구련이 있는지를 확인해서 작약증芍藥證(작약이라는 약물을 써서 치료할 수 있는 증상) 여부를 확인해야 한다. 그리고 계지탕에서 가장 중요한 증상은 두통이 아니라 상초의 충역衝逆이라는 점도 꼭 기억해야 한다.

17장

머리가 자주 아프다(2)

-소화기에 문제가 있는 경우

• • •

만성 소화불량

머리는 아픈데 소화기에 문제가 없는 경우는 계지탕을 우선 생각한
다고 했는데, 그렇다면 만성적인 소화불량, 속 쓰림, 트림, 구역감,
복부팽만감 등을 호소하면서 머리가 아픈 경우는 어떻게 할까. 이
것은 상충과 달리 체해서 생기는 두통이다. 명치 밑을 눌러보면 반
드시 심한 압통이 있고, 특히 메슥거리면서 토하고 싶어 하는 구역,
구토감을 동반한다. 문제는 소화기 장애가 있는 사람들은 대체로
앞서 말한 계지를 써야 하는 증상 또한 동시에 나타나는 때가 많아
서, 이 둘 사이를 명확하게 구분하기가 쉽지 않다는 점이다.

　서양의학에는 '체한다'는 개념이 없다. 소화불량, 속 쓰림, 신물,

구역이나 구토, 복부팽만감 등이야 동서양 의학이 모두 공유하지만, 체한다는 말 자체가 서양의학엔 존재하지 않는다. 위경련이나 장중첩은 있어도 체한다는 말은 없다. 실제로 한의사가 체했다는 환자를 위내시경으로 들여다본다고 해서 거기에 소화 안 된 음식물이 있는 경우는 거의 없을 것이다. 그럼 과연 체한다는 것은 뭔가?

체하는 것은 기운이 막힌 걸 말한다. 기분 나쁜 일이 있다고 해서 팔이 움직이지 않거나 심장이 두근거리는 것을 중단하지는 않는다. 하지만 밥 먹을 때 시험 못 봤다고 잔뜩 꾸지람을 받는다면 어떨까. 체한다. 속이 메슥거리면서 소화가 안 되고 머리가 아파진다. 체하는 것은 기운이 막힌단 말이고, 기운이 막힌 상태는 내시경 아니라 MRI를 찍어봐도 나오지 않는다. 그러니 서양의학에 체한다는 말이 있을 턱이 없다.

소화가 안 돼서 머리가 아픈 학생은 상충과 잘 구분해야 한다. 손발이 차가운 것도 비슷하고, 마른 체격이 많은 것도 흡사하다. 물론 한의사가 임상에서 환자를 볼 때 상충으로 머리가 아픈지, 체해서 머리가 아픈 건지를 헷갈릴 염려는 없지만, 일반인들이 둘을 구분하기는 쉽지 않으니 주의해야 한다. 고방 전문가인 한의사에게 가서 진찰을 받을 것을 특별히 권고한다.

소화기가 문제인 학생들

소화기가 문제인 학생들을 치료할 때는 사심탕瀉心湯 류의 한약과 시호제柴胡劑를 구분해서 써야 한다. 사심탕은 마음을 씻어낸다는 이름 뜻 그대로 울화가 쌓여서 소화가 안 되는 사람을 치료하는 약이다. 사심탕, 대련사심탕, 반하사심탕, 생강사심탕, 감초사심탕과 같은 처방이 있으며 각각 쓰임새가 조금씩 다르다.

시호제는 매우 독특한 처방군이다. 소시호탕을 기본방으로 해서 시호가용골모려탕까지 여섯 개의 처방이 있고, 대시호탕과 대시호가망초탕이 더해져서 모두 여덟 가지 처방으로 이루어져 있는데, 사역산이 하나 톡 불거져 나와 태양계에서 퇴출당한 명왕성처럼 따로 놀고 있다. 이 처방군은 상한론 처방에서 대단히 독특한 위치를 차지한다. 이들만을 묶어서 화법和法이란 치료법이 하나 독립되어 나왔다.

고방의 치료법은 병독을 공격해서 몸 밖으로 몰아내는 것을 목표로 한다. 몸 안에 있는 독을 몰아내는 법이 땀내고, 토하고, 똥오줌으로 빼내는 것 말고 또 무엇이 있겠는가. 관우가 독화살을 맞자 화타가 뼈를 긁어냈다는 기록을 보면 과거에는 한의학에서도 외과 수술이 행해진 것으로 보이지만, 지금은 전하지 않으니 제외할 수밖에 없다. 그런데 앞서 말한 한汗, 토吐, 하下법 외에 또 한 가지 치료법이 있으니 그게 바로 시호제를 쓰는 방법인 화법和法이다.

　화법은 한토하汗吐下로 체내의 독물이 나오긴 하는데, 나오기 전까지는 어떤 독이 나올지 알 수가 없는 방법이다. 우리 몸이 시호제의 힘을 받아서 독물을 몸 밖으로 내보내는데, 내보내는 독물의 상태에 따라서 한토하 중 어느 방법으로 내보낼지를 몸이 결정하기 때문이다. 토할 수도 있고, 코피를 쏟거나 땀이나 소변으로 내보내기도 하는데, 대체로 대변으로 나가는 경우가 많다. 시호제는 심흉 부위에 맺힌 병독을 몰아내는 경우가 많은데, 심흉부에 어떤 독물이 들어 있는지는 우리가 알 수 없다. 시호가 없었다면 고방가들은 소화기계와 신경정신과 질환의 상당 부분을 그냥 수수방관할 수밖에 없을 것이니, 정말 고마운 약이다.

　체해서 머리가 아픈 사람들은 사심탕 라인과 시호제 라인 중에서 대개 해결된다. 시호제를 쓰려면 반드시 흉협고만胸脇苦滿이 나타나야 하는데, 흉협고만이란 환자의 가슴이 가득 차서 답답한 느낌이 있고, 의사가 환자를 눕히고 배에서 흉부 쪽으로 갈비뼈 아래에 손을 밀어 넣었을 때 환자는 자각적인 통증이나 답답함을 느끼고, 한의사는 걸리는 느낌을 확인할 수 있는 상태를 말한다. 복진에서 흉협고만이 나오지 않으면 시호제를 쓸 수 없다.

공짜는 없다

임상에서 시호제는 의외로 계지와 자주 만난다. 계지를 써야 하는
상충증을 가진 사람이 시호제를 써야 하는 상태가 되는 경우가 많
기 때문이다. 필자는 오랜 통풍성 관절염을 시호제를 써서 치료했
는데, 그 뒤로도 스트레스가 심하거나 과음을 하면 다시 시호증이
나타나곤 한다. 소화는 비교적 잘되지만 과로를 하면 계지를 써서
풀어야 하는 경우가 있는데, 이 책을 쓰면서 신경을 쓴 데다 무리한
일정이 겹쳐서 그만 몸살이 났다. 다음은 그 상태를 적은 글이다.

공짜는 없다

새삼 다시 절감한다. 세상엔 공짜가 없다. 지난주에 나는 8일 중 6일
에 걸쳐 밀린 숙제를 하듯 사람을 만났다. 일정 하나하나 모두 참석
해야 할 이유가 분명한 모임이긴 했지만, 지나고 나니 욕심이었다.
아무튼 정글을 헤치고 나면 늪이 나오고, 가까스로 건너면 산을 올라
야 했다. 그렇게 겨우 모임을 마치고, 어제오늘 다시 원고 모드로 돌
아왔는데, 문제는 오늘 오후에 터졌다.

갑자기 머리카락이 곤두서는 느낌이 들면서 시작한 오한이 오후 내
내 이어지면서 몸이 덜덜덜 떨렸다. 사지 삭신이 두들겨 맞은 것처럼
욱신거리면서 열이 거머리처럼 기어올랐다. 한낮에 이런 일을 겪기

는 태어나 처음이라 몹시 낯설었다. 신을 능욕한 탄탈로스에게 내려
진 형벌처럼 갈증이 몰려왔다. 벌컥벌컥 물을 마시고 나면 다시 또
제피로스가 불어대는 삭풍 맞은 사시나무가 되어 온몸을 덜덜덜 떨
었다. 옷을 있는 대로 껴입고 난로를 최대한으로 높이고 생니를 뽑는
치과 의자에 누운 심정으로 퇴근 시간을 기다렸다.

가까스로 집에 돌아와 한약을 먹고 옷도 벗지 못하고 집게에 묶여 빨
랫줄에 널리듯 그대로 고꾸라졌다. 온몸의 땀구멍이 왈칵 열리더니
경주마들이 쏟아져 나오듯 땀이 흐르기 시작했다. 나는 잠결에 그 땀
들이 내 치기만만 또는 욕망의 찌꺼기 같았다. 한 점 손가락으로 찍
어 맛을 보고도 싶었다. 시큼했을까? 무대가 암전했고 나는 혼절했
다. 얼마나 잤을까. 사위가 어두웠다. 나는 동면에서 깨어난 곰처럼
두리번거렸다. 겨우 한 시간을 자고 났는데 계절이 바뀐 것처럼 생소
했고, 거짓말처럼 몸이 개운했다. 열도 오한도 몸살도 통증도 모두 이
순신에 패해 울돌목을 빠져나가는 도도 다카도라의 일본 수군처럼 한
꺼번에 물러났다. 그 뒤로 나는 다섯 시간 동안 거의 세 끼를 먹었다.

이 세상에 공짜는 없다. 헤아려보니 정확하게 다섯 시간 동안의 몸살
인데, 과장하자면 난 그 시간 동안 이러다 죽겠구나, 또는 이런 게 나
이 먹은 거구나 싶었다. 불구덩이 속에서 정련되는 무쇠 같은 글이
나오려나, 모루 위에 얹고 땅땅땅 내려쳐서 보습을 만들려나. 짧지만
강렬한 체험이었다. 적어도 탈고할 때까지 다시 겪고 싶진 않다만.

내가 이때 먹은 한약이 시호계지탕이다. 소시호탕과 계지탕이 합쳐진 처방인데, 소시호탕은 내가 평소에 갖고 있던 시호증과 연일 사람을 만나면서 과음했기 때문에 쓴 것이고, 계지탕은 오한, 발열, 신통 등의 증상 때문에 써야만 했다. 두 처방을 합친 시호계지탕을 먹고 땀을 잘 낸 덕에 금방 회복되었다.

시호제를 써야 할지 사심탕 류를 처방해야 할지는 복진을 해보기 전에는 알 도리가 없으니까 당연히 한의사에게 진찰을 받아야 한다. 학생들은 병이 있어도 효과가 바로 나타나는 경우가 많은데, 소화기 질환이 있는 경우는 선천적으로 소화기가 약해서 그런 경우가 많으므로, 치료기간을 비교적 길게 잡아야 한다.

———

18장

장원단과 공진단

● ● ●

장원단壯元丹

　한약 처방에는 비슷한 이름을 가진 약이 많다. 이 장원단만 해도 장원탕壯原湯, 장원탕壯元湯 등의 처방이 있고, 장원환壯元丸이란 처방도 있다. 한자도 똑같이 쓰지만 처방 구성은 다른 장원단 역시 명나라 시대 주숙이 지은 《보제방》에 나타난다. 하지만 필자가 쓰는 장원단은 위의 처방 구성과는 많이 다른 처방이고, 오랫동안 학습장애 클리닉을 운용하면서 얻은 연구 결과로 만든 처방이다. 본 처방의 모방은 한의학 박사 이선미 이원당한의원 원장이 제공했다.

　장원단과 공진단은 갈등과 타협의 소산이다. 필자는 현재 임상에서 고방 이외의 처방을 전혀 사용하지 않는데, 이 두 처방만은 예외로 두고 있다. 명실상부한 고방가古方家라면, 고방으로 합의된 처방 220가지 외의 다른 처방은 쓰지 않는 것을 원칙으로 한다. 물론 이것은 원칙일 따름이고, 고방가 중에도 후세방을 자유자재로 쓰는 한의사도 많다. 어쩌면 이것이 더 높은 수준의 한의사일 수도 있다. 하지만 고방가 중에는 의외로 완고한 원칙주의자가 많은데, 나는 이 두 처방을 자주 사용하고 있으니, 완전한 고방가라고 자부하기엔 계면쩍은 것이 사실이다.

고방에서 보약을 쓰지 않는 것은, 병이란 그 병을 일으키는 일독一毒이 몸에 있기 때문에 생기고, 독을 몰아내고 난 뒤에 몸이 쇠약한 것은, 곡육과채(곡식과 고기, 과일과 채소)를 먹어 몸의 정기를 기르면 그만이라고 믿기 때문이다. 이 점은 원칙적으로 옳다. 우리 몸은 정상으로 돌아가려는 기능(이를 항상성, 영어로는 Homeostasis라고 부른다.)이 있기 때문에, 병에서 회복되면 빠르게 최선의 상태로 복귀하려고 노력한다. 별도의 보약이 필요하지 않다고 보는 것은 일면 타당하다.

하지만 어떤 경우에는 이른바 보약을 사용하는 것이 불가피한 때가 있다. 수술이나 출산 직후, 급하게 체력을 끌어올려야 하는 경우, 선천적으로 체력이 부족한 경우가 이에 해당한다. 수험생 중에서 소화기관이 선천적으로 약하고 자주 피로를 호소하는 경우는 불가피하게 기력을 보강해주는 처방을 쓸 수밖에 없다. 수험생활 자체가 비정상적인 나날이 계속되기 때문이다. 대한민국의 수험생들은 잠을 제대로 잘 수도 없고, 식사도 부실한 경우가 많다. 게다가 공부는 대단히 많은 고급 에너지를 요구하는 힘든 일이다.

공부는 뇌를 혹사하는 일

자리에 앉아서 공부만 하는데 뭐가 힘드냐고? 공부란 결국 뇌를 혹사하는 일이다. 뇌는 우리 몸에서 고작해야 2% 정도의 무게에 지나지 않지만, 25%나 되는 산소를 소비한다. 에너지는 어떨까? 20%에 육박한다. 게다가 가장 고급 에너지인 포도당만 사용한다. 정 포도당이 없으면 어쩔 수 없이 지방에서 분해된 케톤체를 소비하지만, 부작용이 만만치 않다. 포도당은 탄수화물에서 나오니 밥을 잘 안 먹는 학생이 공부를 잘할 수 없다는 말은 전적으로 옳은 말이다. 옛말에 엿 고는 마을에 박사가 많다는 말이 있다. 엿은 보리나 쌀 등으로 만드니 포도당으로 전화되기 좋은 기호식품이다. 포도당 섭취를 많이 해야 공부를 잘한단 말이 되겠다. 다만 어려서 단맛을 너무 탐하면 공부를 잘할 수 없게 되는 경우가 더 많으니, 사랑스러운 내 아이에게 엿을 너무 자주 주지는 말자.

　뇌가 활성화되려면 적절한 수면과 균형 잡힌 식사가 매우 중요하다. 잠을 적당히 자지 않으면 뇌에 산소가 부족해질 것은 당연한 말이다. 그런데 수험생 시절엔 이 두 가지를 원천봉쇄하는 게 대한민국의 현실이다. 우리 때는 고3만 수험생이라 불렀지만, 요즘은 고등학생 전체가 수험생이다. 그나마 소화기관이 좋으면 다행인데, 소화기관마저 부실하면 한약을 쓰지 않을 도리가 없다.

학습장애 클리닉에 오는 학생들을 진찰했는데 소화기가 부실해서 소화흡수 능력이 현저히 떨어진다면, 소화기능을 개선하는 치료제와 함께 장원단을 투여한다. 기본 체력이 현저하게 떨어지는 학생도 마찬가지로 사용한다. 쉽게 지쳐서 지구력이 부족한 학생에게도 투여한다. 결과는 만족스러운 편이지만, 학생에게 이런 문제점이 없다면 장원단은 가까이하기엔 너무 비싼 당신이 분명하다.

공진단供辰丹

공진단은 뜻밖에 상당히 많이 알려진 약이다. 아마도 과거보다 경제적 여유가 생긴 까닭도 있을 것이고, 제약회사나 한의사들이 적극적으로 홍보했기 때문이기도 할 것이다. 하지만 광고와는 다르게 공진단이 만병통치인 것도 아니고, 수명을 연장하는 약도 아니다. 이 약의 쓰임새는 내 기준에서 보자면 매우 협소하다고 할 수밖에 없다. 그것은 앞서 소개한 장원단도 대단히 비싼 약이거니와, 제대로 만든 공진단은 그보다 훨씬 더 고가일 수밖에 없기 때문이다. 그러니 경제적인 문제에 구애받지 않는 극히 일부를 제외한다면 공진단을 꼭 써야 하는 경우는 임상적으로 매우 제한적일 수밖에 없다.

공진단이 비싼 이유는 간단하다. 이 처방엔 숙지황, 산수유, 녹용이 각각 160g, 그리고 사향이 20g 들어간다. 사향은 사향노루 수컷의 향낭 안에 든 페로몬 덩어리다. 사향을 채취하려면 사향노루를 죽일 수밖에 없는데, 사향노루는 '멸종위기에 처한 야생 동·식물종의 국제거래에 관한 협약CITES'에 들어 있는 희귀동물이다. 따라서 현재 사향은 국제적으로 거래가 엄격히 금지되어 있고, 다만 협약이 발효되기 전에 보유하고 있었던 재고분만 사용할 수 있다. 재고는 줄어들고 수요는 넘쳐나니 사향 가격이 천정부지로 올라가서, 현재 한국한약수출입조합에서 정식으로 판매하는 사향 가격은 1g에 11만 원을 호가한다. 공진단 한 제를 만들자면 사향 20g이 필요하니, 비싸지 않을 수가 없는 약이다.

아무튼 이 처방은 알려진 대로 원나라 시절의 명의였던 위역림이 처음 사용하였다. 그는 5대에 걸친 의사 집안 출신이었는데, 가전으로 전해져 내려온 비방을 모아 《세의득효방世醫得效方》이란 책을 저술했다. 바로 이 책에 공진단이 수록되어 있다. 그런데 《세의득효방》은 사실 보약 처방으로 유명한 책이 아니라, 정골학正骨學 분야에서 가장 선진적이고 또 기준이 되는 책이다. 정골학은 요즘으로 따지면 정형외과에서 다루는, 뼈의 문제만을 전문적으로 치료하는 분야이다. 이 책에 나오는 척추골절에 대한 치료 기록은 서양의학과 비교하면 무려 600년이나 앞섰고, 그 기술내용과 치료방법 또한 올바른 것이었으니, 실로 놀라운 일이 아닐 수 없다. 원나라는 몽골족이 세운 나라인데, 말을 탄 기병이 주력군이었다. 말에서 떨어지면 골절이 자주 일어나게 되니, 위역림의 의술은 그 시대의 필요에 부응한 실용과학으로서 빛나는 가치를 지닌다.

제한적으로 쓰이는 공진단

공진단에 대한 구구한 설명은 그만두자. 나는 이 약을 두 가지 경우에 사용한다. 하나는 우울증, 공황장애, 불안신경증, 심각한 불면증 등의 신경정신과적 문제가 있는 경우이다. 다른 한 가지는 고혈압성 뇌증이나 일과성 뇌허혈증과 같은 중풍 전조증이 있는 경우이다. 이 두 경우는 내 임상에 비추어 볼 때 공진단을 제한적으로 사용하는 것이 치료기간을 단축하고 재발을 방지하는 데 매우 유용하였다. 그 외에는 경제적으로 매우 여유가 있는 사람에게 '기막히지 말라고' 투여하는 경우가 대부분이다. 기업 CEO들이나 전문직 종사자들은 정신적 스트레스가 대단히 크다. 고위직으로 올라갈수록 업무량도 많아지고 속 썩을 일도 늘어나기 마련이다. 그런 때 공진단은 매우 유효한 예방 및 치료약이 된다. 예방약이라 함은 주로 심혈관계 질환(중풍, 심장병 등)과 암을 염두에 두고 말하는 것이다.

일반 수험생에게 공진단을 쓰는 것은, 분명히 말하지만, 과하다. 단, 신경정신과적 문제가 있거나, 최상위 1% 안에 드는 수험생에게는 제한적으로 쓸 수 있다고 본다. 그런 학생에게 공진단을 투여하면 치료 효과를 기대할 수 있다. 그 까닭은 이렇다. 일단 신경정신과적으로 문제가 있다고 하는 것은 단순한 불안, 초조, 수면장애 등을 가리키는 것이 아니다. 양방 신경정신과 약을 복용해야 하거나, 일상생활에 지장을 받을 정도로 증상이 심한 경우에 국한한다. 이런 경우는 다음 장에서 다룰 동動이란 상태에 해당하는데, 임상적으로 보면 치료약과 공진단을 병용 투여할 때 치료기간이 단축되고 호전될 확률이 높아지는 경우를 많이 볼 수 있었다.

최상위 1%에 드는 학생을 많이 치료해본 것은 아니다. 다만 이런 학생들의 특징은 대단히 집중력이 높고, 그에 걸맞게 두뇌의 피로도가 높다는 것이었다. 또 자기들만의 특화된 학습법과 건강 관리법을 갖고 있는데, 대체로 체력 저하와 장시간 공부했을 때 집중력이 현저하게 떨어지는 것을 호소하는 경우가 많았다. 그렇다면 공진단이 도움이 된다.

다시 한 번 분명히 말하지만 공진단을 쓴다고 성적이 오르는 것은 아니다. 최상위권 학생들은 수능에서도 자기 실력을 유지하도록 하고, 자주 틀리는 문제에서 실수가 나오지 않도록 해야 하는데, 다만 그런 점에서 공진단이 좋은 선택이 된다고 본다. 물론 이 주장은 부족하나마 내가 지난 25년 동안 임상에서 수험생들을 치료하면서 내린 잠정적인 결론이며, 다른 분들의 견해는 내가 뭐라 할 것이 아니다.

19장

머리는 좋은데
공부를 안 해요

• • •

공부 잘하는 약은 없다

아이를 데리고 내원한 어머님이 "얘는 머리는 좋은데 공부를 안 해요, 공부 잘하는 약 좀 지어주세요." 하는 경우는 없다. 그런 약이 없는 줄 알고 계시니까. 가끔 "말 잘 듣는 침 좀 놔주세요." 하시는 분은 있지만, 웃자고 하는 말씀인 줄 서로 안다. 공부를 잘하는 한약이 없는 게 분명한데도 제목을 이렇게 단 것은, 공부를 잘하게 만드는 한약이 있을 수도 있다는 말 때문일까?

결론부터 말씀드리면, 그런 약은 없다. 그런데 왜 이렇게 말하느냐면 총명탕을 설명하기 위해서다. 실제로 "총명탕 지어주세요."라고 말씀하시는 부모님은 제법 많기 때문이다. 공부 잘하는 약이 이

세상에 없는 것을 학부모님도 아시는데, 굳이 찾아와서 총명탕을
지어 달라 하시는 부모님들 의중엔, 그래도 총명탕을 먹으면 아이
성적이 올라가지 않을까 하는 기대가 있을 것이다. 비슷한 약으로
공자님이 드셨다는 공자대성침중방이나, 주희가 먹고 천 권의 책을
외웠다는 주자독서환, 내가 환자에게 쓰는 처방과는 다른 구성의
한약이지만 먹으면 장원급제를 보장할 것 같은 장원환 등의 처방이
있다.

총명탕은 중국 명나라 시대의 명의 공정현이 쓴《종행선방種杏仙
方》이란 책에 실려 있는 처방이다. 공정현의 부친은 명나라 태의원
의관을 지낸 공신이었고 본인도 역시 태의원 의관을 지냈다. 명나
라 시절에 태의원 의관이라면 국가에서 그 자격을 인정한 가장 높
은 수준의 의사였다는 말이다. 의관 자제 중에서 선발된 학생들이
3~5년 동안 고된 수업을 받은 뒤 1년에 네 번 실시하는 시험을 모
두 통과해야만 의생, 의사가 되었고, 그런 뒤에 의학에 정통하고 진
료 실적이 좋은 자만이 태의원 의관으로 임용되었다. 그러니 부자
가 모두 태의원 의관을 지낸 만큼 공정현의 실력 자체를 의심할 필
요는 없을 것이다.

총명탕이 기억력 감퇴에 도움이 된다지만

그렇다면 그가 기록한 총명탕도 과연 이름처럼 훌륭한 처방일까? 동의보감 기록에 의하면 "(총명탕을) 오래 복용하면 하루에 능히 천 마디 말을 암송할 수 있다"고 되어 있다. 여기서 '말'이란 글자가 아니라 시 한 줄, 고서 한 구절을 일컫는 것이니, 동의보감 구절만큼만 외워진다면 앞으로는 공부 걱정할 필요가 없을 것이다.

미안한 말이지만 그렇게 될 리가 없다. 총명탕의 원 처방은 백복신, 석창포, 원지를 같은 분량으로 가루 내어서 한 번에 12g을 물에 타 먹거나, 8g씩 하루 세 번 찻물과 함께 마시라고 돼 있다. 여기서 백복신, 석창포, 원지란 약의 효능은 서양의학적으로 말하자면 대체로 뇌신경을 안정시켜주고, 위장 내부의 불순한 체액을 제거해준다고 말할 수 있다. 실제로 총명탕이 기억력 감퇴에 도움이 된다는 논문도 여러 편 나와 있다. 하지만 총명탕을 먹으면 하루에 천 글자를 외울 수 있게 된다? 나 자신도 믿지 않는다.

다른 처방도 마찬가지다. 이름이 제아무리 멋있어도 처방 이름대로 되지는 않는다. 한약 처방 중에 방풍통성산防風通聖散이란 약이 있다. 말 그대로 하면 중풍을 예방하고 성인의 지경에 통하는 약이란 말인데, 중풍에 걸릴 정도로 자기 관리가 엉망인 사람이 방풍통성산을 매일같이 먹는다고 성인이 되지는 않는다. 결국 약이 문제가 아니라 자기 하기 나름이다. 자기관리를 잘하는 사람이 약의 도움도 받을 수 있다는 것이다.

그러면 공부를 잘하는 한약은 어떤 것일까. 앞에서 설명한 모든 약이 사실은 총명탕의 다른 이름일 것이다. 공부를 잘하고 싶다면, 가장 중요한 것은 공부해야겠다는 본인의 의지이다. 내가 열심히 공부해서 기필코 좋은 성적을 거두겠다는 엄두를 내야 한다. 공부를 해야만 하는 절실한 동기가 있고, 어떤 어려움을 이기고라도 기어이 공부와 한판 승부를 해보겠다는 굳은 결의가 있어야 한다. 그렇게 마음을 먹었는데, 일상생활에 지장을 주는 어떤 병적인 문제가 있다면, 그 문제를 해결해주는 처방을 써야 한다. 체력이 부족하다면 체력을 보강해주는 약을 쓰고, 집중력이 떨어지면 집중력을 강화해주는 약을 쓰면 된다. 소화가 문제라면 소화기를 치료하고, 아토피로 가려운 데를 긁느라 공부할 시간이 없다면, 아토피를 낫게 해주는 처방을 써야 한다. 그게 바로 그 학생의 총명탕이다.

집중력과 체력을 길러주는 공진단

비록 수빈이에게 정말 고가의 한약인 장원단, 공진단을 아낌없이 썼지만, 나는 그것 때문에 수빈이가 수능에서 좋은 성적을 받았다고는 믿지 않는다. 어느 정도 도움은 됐을지 모른다. 그 약을 쓴 만큼 집중력이 좋아지고, 체력이 보강되고, 지구력이 좋아진 것은 사실일 것이다. 하지만 공진단처럼 비싼 한약을 쓰지 않아도, 장원단으로 체력을 보강하지 않아도, 수능에서 좋은 성적을 거두는 것은 얼마든지 가능하다.

죽도록 공부를 하는 것 말고 공부를 잘하는 방법이 있을까? 내가 과문한 탓인지는 모르겠지만, 공부를 너무 해서 죽었다는 말은 들어본 적이 없다. 죽을 만큼 공부를 하는 건 불가능하다. 밥도 안 먹고 잠도 자지 않고 대소변 보는 시간도 아까워서 그래서 생긴 신부전증을 참아가며 공부하는 사람은 없으니까. 그냥 죽는시늉만 할 정도로 공부해도 성적은 오른다.

다시 말하지만 먹기만 하면 성적이 쑥쑥 오르는 처방은 없다. 장원단이나 공진단을 매일같이 먹는다고 1등을 꿰차게 되는 것은 아니다. 하지만 공부를 잘하도록 도와주는 처방은 있다. 학생이 정말 공부를 하겠다는 의지가 충만한데 그것을 방해하는 어떤 병이 있다면, 마땅히 그것을 치료해줘야 효율도 높아지고 성적도 더 잘 나올 것이다. 그런 처방은 꼭 총명탕이란 이름이 아니라도 얼마든지 있고, 그것이 고방에서 말하는 총명탕의 본뜻이다.

——

20장

신경정신과 약을 먹는
학생의 경우

• • •

대개는 아버지가 문제다

학습장애 클리닉을 찾아오는 환자 중에 가장 치료하기 힘든 학생이
누군가 하면, 양방 신경정신과에서 우울증, 조울증, 불안신경증, 공
황장애 등의 진단을 받고 양약을 복용 중인 학생들이다. 이 학생들
은 증상이 좋아졌다가도 원인 제공자와 다투거나 갈등이 생기고 나
면 증상이 다시 악화하고, 이런 과정을 반복하다가 스스로 치료를
포기하는 경우가 많아서 다른 질환에 비해 치료율이 낮은 편이다.
이때 원인 제공자는 대개 가족인데, 학생들의 생활 범위가 가정과
학교로 단순하기 때문에 다른 곳에서 원인을 찾을 이유가 별로 없
는 것이다. 내 임상 경험에 비추어 보면 가족 중에는 아버지인 경우
가 많다. 수험생 자녀들 부모의 나이는 40대 중후반 이상인데, 이들

이 가부장적 부모 밑에서 보고 배운 것이 강압적 훈육 방식이기 때문이다. 특히 아버지인 경우는 부끄럽지만 내 경우를 봐도 짐작할 수 있을 것이다.

이 환자들을 한 묶음으로 설명하기란 매우 어려운 일이다. 개개인의 증상이 워낙 복잡하고, 증상 발현까지 경과 기간이 길며, 각자 독특한 개인 상황에 부닥쳐 있어서 치료는 마땅히 개인적으로 진행될 수밖에 없다. 게다가 비교적 긴 상담시간이 필요한데, 한국의 의료현실이 그렇게 여유롭지가 않아서, 안타까운 경우가 자주 발생한다.

앞에서 '계'를 설명하면서 신경정신과적으로 문제가 있는, 하지만 아주 심하지는 않은 환자군에 대해 말씀드렸다. 계증은 좁게 말하면 심장이 두근두근하는 것을 본인이 자각하는데, 그러면서 눈썹이나 입가, 손이나 발을 달달달 떠는 육순근척이 나타나는 것이다. 이렇게 말하면 계란 불안신경증이 틱 장애와 함께 나타나는 것이라고 오해하실 것 같아서 부연설명 하자면, 여러 증상 중에 하나로 나타나는 것이지, 그 증상만 일컫는 것은 아니다. 쉽게 말해서 매사에 마음이 편하지 못한데 불면, 소화장애, 체중감소, 공황장애 등과 같은 육체적 증상이 함께 나타나는 신경정신과 환자 중에서 비교적 가벼운 환자를 계증 환자라고 보면 될 것이다.

계층보다 심각한 동動

계에서 한 걸음 더 나가면 동動이 된다. 움직일 동을 쓰는 이유는, 계가 원래의 자리에서 안정을 찾지 못하고 부들부들 두근두근 뛰는 것을 말한다면, 동은 있어야 할 자리에 있지 못하고 마음과 몸이 붕 떠버린 상태를 가리키는 것이라고 할 수 있기 때문이다. 계증보다 더 심각해서 일상생활을 하기가 어려울 정도로 심한 우울증, 조울증, 공황장애, 대인기피증, 다양한 강박성 질환들과 정신분열증, 간질 등을 포괄하는 개념이다. 이런 학생이 학습장애 클리닉을 찾아오는 경우는 많지 않지만, 우리 학생들이 받고 있는 심각한 스트레스를 생각하면 잠재적 환자는 대단히 많다고 본다.

동을 치료하기란 매우 어렵다. 사실 임상에서 동이라 진단을 내리기도 쉽지 않다. 고방을 전문으로 연구하는 한의사들 가운데에서도 동에 대한 정의는 서로 조금씩 다르고, 임상에서 함께 공유하는 바도 적다고 볼 수 있다. 연구 개발할 부분이 적지 않은데, 정신분열증을 포함해서 중증의 신경정신과 질환에 고방으로 높은 치료 효과를 보이는 한의사가 여러 분 계시니, 앞으로 좋은 결과가 나오길 바란다.

동을 치료하는 약은 대체로 용골龍骨, 모려牡蠣 등인데 실제로 이런 약이 들어간 처방을 임상에서 응용하면 중증의 신경정신과 환자들이 안정을 찾는 경우가 많다. 하나 마나 한 소리지만 우리나라 수험생들은 스트레스 지수가 매우 높다. 이때 사주에 목木과 화火가 많고 신약하며 인성이 지나치게 많거나 없으면 신경정신과적 문제가 발생하기 쉽다. 사주에서 목 기운은 신경과 관계가 깊은데, 목이 너무 많거나 약하면 신경정신과적 문제가 발생할 확률이 높아진다.

　나도 수험생 부모 노릇을 해봤지만, 참 이야기를 나누기가 쉽지 않았다. 일단 말을 길게 할 시간이 없고, 딱히 나눌 만한 대화 주제를 찾기도 쉽지 않았다. 다행히 수빈이 성적이 잘 나오는 편이어서 그나마 시험이나 공부 이야길 주고받았는데, 어려서부터 부자(녀) 지간이 어지간히 좋지 않으면, 아이가 자랄수록 이야깃거리가 없어진다는 사실을 절감했다.

　그저 때 되면 학교 가고, 성적도 그럭저럭 나오니 잘 지내나 보다 하고 생각하지 말고, 어떤 스트레스를 받고 있는지, 불면증이나 불안, 초조감 등으로 몰래 양약을 먹고 있지는 않은지 세심하게 살피고, 만일 문제가 있다면 속히 치료를 받도록 해야 한다. 특히 심각한 우울증에 시달리고 있으면서도 억제된 분노와 불안을 해소할 방법을 찾지 못하는 청소년이 매우 많다. 모든 문제의 원인을 부모와 자식 간의 관계로 풀려는 것도 문제지만, 실제로 부모와 자식 간의 관계가 청소년의 신경정신과 문제의 대부분을 차지하는 것도 사실이다. 본 항목에서 처방에 대한 설명이 적은 것은, 이 범주 안에 드는 증상은 반드시 전문가의 진찰과 상담을 통해 정확하게 처방을 해야만 하기 때문이니, 독자들의 이해를 바란다.

동이 있는 환자를 치료하면서 가장 애를 먹었던 케이스를 하나 소개한다. 이 환자는 조울증 진단을 받았고, 그것 때문에 군대 면제도 받은 환자였다. 아버지가 자기 인생을 망쳤다고 생각하고 있는데, 시골에서 아버지와 둘이 지내고 있다. 찾아오는 사람도 없고 보이느니 산이요, 강물 밖에 없는 상황에서 아무런 희망 없이 매일을 보내고 있었다. 나는 충심으로 환자 부친에게 이사하시라고 권했다. 전원생활은 낭만적이지 않다. 그것은 심신이 건강한 사람이 해야 하는 아주 바쁘고 정신없는 생활이다. 전원에서 안정을 찾아야 하는 환자라면 요양시설에 입원하는 게 낫지, 손수 밥 해먹어가면서 스스로를 유배시키고 고립시키면 좋을 게 전혀 없다. 환자의 부친이 나에게 치료를 받아서 호전되었기 때문에 아들을 소개한 경우였는데, 집을 이사해야 한다는 내 말을 자신에 대한 공격으로 받아들인 환자 아버지가 치료를 중단해버렸다. 환자 아버지도 동이 있어서 나에게 치료받은 우울증 환자였다.

21장

—

손발이 너무 차가워요

●●●

왕뜸 시술이 최고

수험생인데 손발이 너무 차갑다고 오는 경우는 솔직히 너무 늦었
다. 그러니 자녀들에게 늘 관심을 가지고 세심하게 관찰하여 치료
시기를 놓치는 일이 없도록 해야 한다. 또 늦었다고 해서 방치해둘
수도 없는 노릇이니 적절한 처방을 받아야 한다. 대체로 계지증을
갖고 있고 소화기가 약한 경우가 많아서 해당하는 처방을 해주는
경우가 대부분인데, 효과가 제한적인 경우가 많다. 침과 뜸, 특히
뜸 치료를 함께 받아야 하는데, 일단 수험생이 되면 치료를 받으러
나올 수 있는 시간이 없어서 그러기가 쉽지 않다. 자녀들의 손발이
너무 차갑고, 여학생인데 생리불순이나 생리통, 무월경, 변비 등이
같이 나타난다면, 나이와 관계없이 왕뜸 시술을 받을 것을 강력히

권한다.

뜸이란 쑥을 가루 내 말려서 뭉친 다음 그것을 혈 자리에 올려놓고 태우는 것이다. 원래는 직접 몸에 대고 태워야 하는데 미용상의 문제도 생기고 화상 위험도 있어서 요즘엔 대체로 간접뜸 방식을 많이 사용한다. 뜸이란 치료는 쑥이 타는 열기를 몸속에 넣어주자는 것인데, 간접적으로 열기가 전달되는 방식을 택하면 자연히 쑥뜸의 크기가 커져야 한다. 그래서 한 번 불을 붙이면 보통 40~50분가량 오래 타는 왕뜸을 사용하고 있다.

쑥이란 식물은 재미있는 구석이 많다. 논두렁 밭두렁 같은 데서도 쑥쑥 잘 자란다고 해서 쑥이라고 부른다는데, 히로시마와 나가사키에 원폭이 떨어져서 모든 생물이 절멸된 상태에서 가장 먼저 자라난 것이 쑥이었다는 말도 들린다. 생존력이 대단한 식물이고 그냥 내버려두면 어른 키만큼 자라기도 한다. 나는 농담 반 진담 반으로, "곰이 먹으면 사람이 되는 게 쑥인데, 남자가 아니라 여자가 됩니다. 그러니 여자에게 좋은 것이죠."라고 말한다. 실제로 부인과 질환에 쑥은 애엽이란 이름으로 널리 사용되는 약물이고, 쑥뜸을 뜨면 좋아지는 증상 중에 부인과 질환이 많다.

특히 왕뜸을 뜨면 생리가 맑게 나오고 생리통이 없어지고 수족냉증이 개선되는 효과가 뛰어나다. 남자라면 만성적인 소화 장애가 있고, 항상 아랫배가 차서 설사를 자주 하는 사람에게 특효가 있다.

하지만 어떤 증상이 됐든 3개월 이상 꾸준히 뜸을 떠야 효과를 볼
수 있다는 점을 꼭 기억해야 한다.

손발이 차가운 건 피가 잘 통하지 않기 때문

한의학에선 여자를 음으로 보고 남자를 양으로 보는데, 음혈, 양기
라 해서 음은 혈血과, 양은 기氣와 연관 짓는다. 혈은 결국 물이라
서 얼기 쉬운데, 그래서 여자에겐 남자한텐 없는 '냉冷'이란 병이
있는 것이다. 외음부에서 분비물이 흐르는 것을 왜 냉이라고 표현
할까? 그것은 그 병이 대부분 차가워서 생기는 병이기 때문이다.
쑥은 매우 뜨거운 성질을 갖고 있어서, 이를테면 폐결핵처럼 조열
燥熱해지기 쉬운 환자에겐 쓸 수 없고, 반드시 몸에 차가운 기운이
있는 자에게만 쓸 수 있는 약이다. 그러니 차가워서 생기는 부인과
질환에 쑥뜸을 뜨는 것이 이치에 합당하다.

　손발이 차갑다는 말은 피가 잘 통하지 않는다는 말과 동일한 뜻
인데, 실제로 피가 모자라서 사지말단이 차가울 수도 있고, 무언가
가 가로막아서 피가 잘 흐르지 않는 경우도 드물지만 있다. 뜸과 침
을 같이 하면 안 된다는 기록도 있으나 기혈의 흐름에 장애가 있는
경우라면 뜸을 뜨면서 침을 조심스럽게 놓는 것이 임상적으로 더
좋은 결과를 보였다.

　아무튼 기혈을 보충하고 조혈기능을 활발하게 해주며 소화기를 튼튼하게 하는 한약을 먹으면서 뜸 치료를 꾸준하게 해야 수족냉증을 근본적으로 치료할 수가 있다. 그것도 이르면 이를수록 치료 효과가 뛰어나니, 아이가 초등학교에 다니는데 손발이 차갑고 몸이 마르고 감기에 잘 걸린다면 바로 치료를 시작해야 한다. 쑥뜸 치료는 건강보험 적용도 되어서 치료비용도 저렴하고 효과도 탁월하다. 다만 치료 기간만큼은 3개월 이상 길게 잡으실 것을 권한다.

　한겨울에도 발가벗고 뛰어노는 게 아이들이다. 삼복더위에도 무릎에 찬바람이 돈다고 말씀하는 분들은 어르신들이고. 몸이 뜨거우니 찬물을 좋아하는 것이고, 언제나 오한이 들고 추위를 타니 어르신들은 날이 추울 때 외출이라도 하신다 치면 옷을 따뜻하게 입고 모자와 장갑도 끼어야 한다. 그런데 어린아이가 손발이 차갑다면 자연의 이치와 어긋나도 한참 어긋난 것이니, 빨리 치료를 해줘야 한다. 어르신들의 손발이 따뜻한 것은 오래오래 장수하신다는 이야기니, 자손들이 염려할 바가 아니다. 결국 몸에 양기가 있느냐 없느냐가 몸이 따뜻한지, 차갑게 되는지를 가르는 기준이다.

　수족냉증은 단순히 일상생활에서 불편하니까 치료해야 하는 증상이 아니다. 앞에서 살펴본 것처럼 혈이 부족해서 나타나는 경우가 많고, 그런 경우는 대체로 소화기 장애도 함께 나타나므로 꼭 치료해야 한다. 고등학교에 올라가면 수업 시간이 갑자기 늘어나기 때문에 체력이 약한 학생은 성적이 떨어지기 일쑤다. 왕뜸 치료는 시간이 오래 걸리니까 고등학생이 되기 전에 치료를 시작해야 한다.

딸 두신 부모님들, 왕뜸 뜨시라

특히 여학생이 초경 이후로 수족냉증과 생리불순이나 무월경이 함께 나타난다면, 그 학생은 반드시 치료해야 하는 건강상의 문제를 갖고 있다. 이것은 피가 모자라다는 결정적인 증거인데, 어릴 때는 그래도 학습시간이 길지 않아서 성적이 잘 나올 수도 있겠으나, 학년이 위로 올라갈수록 성적이 떨어지는 원인이 된다.

기가 세다는 말은 기의 근본이 되는 혈이 풍부하다는 말도 된다. 마르크스의 말을 빌지 않더라도, 물적 토대가 갖춰지지 않은 상부구조란 있을 수 없는 법이다. 혈이 부족한 학생이 공부 잘하기를 바란다는 것은 그야말로 연목구어인 셈이니, 딸 두신 부모님들은 각별히 신경 쓰시기 바란다.

22장

변비는 성적 잡아먹는 괴물

• • •

운동부족으로 생기는 수험생 변비

수험생 클리닉을 운영하면서 기억에 남는 환자가 많은데, 그중 한
명이 변비 환자였다. 외고를 다녔던 이 친구는 누구나 보면 공부 잘
하게 생겼다 싶은 외모의 우수한 재원才媛이었는데, 그만 변비로
고생을 오래 하고 있었다. 나에게 왔을 당시에는 배변하려면 관장
이 필요할 정도로 심했고, 센나 성분이 들어간 변비약을 상복하고
있었다.

센나는 대황大黃에 들어 있는 성분이다. 맛이 매우 쓰고 사하瀉
下작용이 강력해서 동서양을 막론하고 변비에 널리 쓰인다. 대황이
란 약이 들어간 일군의 약을 승기탕承氣湯이라 부르고, 고방의 치

료법 중 하나인 하법下法(대소변으로 독을 몰아내는 치료법)의 대표약
으로 쓴다.

수험생들에게 자주 생기는 변비는 사실 승기탕 류의 강력한 준하
제峻下劑가 맞지 않는 경우가 많다. 승기탕을 써야 하는 변비는 배
가 빵빵하게 부풀어 오르는 복만腹滿과 가슴이 답답한 흉만胸滿,
복통, 복진시 압통과 조시燥屎(마른 똥)가 만져지는 등의 증상이 있
어야 한다. 그런데 수험생에게 잘 발생하는 변비는 이런 실증성 변
비가 아니라 허증성 변비인 경우가 많다.

허증성 변비는 노인성 변비와 통하는데 장이 메마르고, 피가 부
족하고, 전반적으로 운동이 부족해서 장운동도 잘 일어나지 않기
때문에 생기는 변비를 가리킨다. 보통 마자인이 들어간 부드러운
윤하제潤下劑를 쓰고, 작약芍藥과 대조大棗, 감초 등으로 결실과
급박을 풀어준다.

변비를 고치려면 걸어야 한다

변비는 수험생들에게 매우 흔하게 나타나는 증상이다. 보통은 가볍
게 지나가지만, 치료를 받아야 하는 수준으로 굳어지면, 성적이 좋
아질 방법은 없다고 봐야 한다. 변비는 시간이 지나면 복만 증상을
동반한다. 복만증으로 배가 그득 차올라서 빵빵하면 절대로 머리가

맑아질 수 없다.

　며칠에 한 번씩 변을 보긴 하지만 일상생활에 아무 지장이 없다면 굳이 치료할 필요가 없다. 반대로 하루에도 몇 번씩 화장실을 가지만, 보고 나서 개운치가 않고 잔변감이 남는다면 변비로 보고 치료한다. 하법을 쓰면 환자의 증상이 극적으로 호전되는 경우를 자주 보는데, 장폐색으로 응급수술을 받아야 했던 환자에게 대황 망초가 들어가는 승기탕 류의 처방을 30분 간격으로 투여해서 하룻밤새에 완전히 풀어버린 치험례가 있다. 이런 경험은 고방이 아니고선 겪기 힘든 일이다.

　변비 치료가 어려울 것은 없는데 수험생들의 경우는 치료를 받으러 오기가 나쁘고 한약을 쓰면 화장실에 자주 가야 해서 한약을 꺼리는 경우가 많다. 배변은 습관에 좌우되기 때문에 평소에 일정한 시간에 배변하도록 노력하고, 장운동을 위해서 걷기를 생활화하는 것이 좋다. 아침 공복에 물을 한 대접씩 마시는 습관은 변비에 좋지만, 냉장고에서 바로 꺼낸 찬물은 마시지 않도록 한다.

아버지니까 옳은 것이 아니다

대체 무슨 일이 있었을까

수빈이는 4월 모의고사에서 영어 한 문제를 빼고 만점을 맞는 성적을 거뒀다. 대체 어떻게 그런 일이 가능했던 걸까. 중학교 3학년 때는 분명히 중간 아래 성적이었건만, 대체 무슨 일이 있었던 걸까. 난 그게 궁금했다. 그래서 나름 분석한 결과가, 독서를 많이 했고, 한약으로 몸을 최적의 상태를 유지할 수 있었고, 못난 아비인 내가 아이와 관계를 조금 정상화하고 자존감을 갖도록 격려했다 정도였다. 물론 원고를 쓰면서 자잘한 내용이 추가되었지만, 큰 부분은 그러하다. 그때 생각한 부분이 조금씩 부풀고 다듬어진 것이 바로 이 책이다.

원고를 시간의 흐름에 따라 적다 보니, 미처 적지 못한 부분도 분명히 있고, 수빈이에 관한 이야기는 아니지만, 수빈이와의 관계에서 나에게 있었던 일들, 새롭게 다잡았던 마음 등에서 보충할 부분이 있어서, 괜한 사족이 아니길 바라며 몇 자를 더 보탠다.

우선 사교육에 대해 이야기를 하지 않을 수 없다. 입시에서 엄마의 정보력이란 크게 두 가지로 나눌 수 있다. 하나는 대학 입시와 관련된 본인만의 스펙 쌓기라는 부분이다. 나는 이 분야에 대해서 정말이지 아는 바가 없다. 고로 드릴 수 있는 말씀도 전혀 없다. 다른 하나는 어떤 사교육 강사가 유능한가, 어디를 가서 과외를 받아야 점수가 올라갈 것인가에 대한 정보력이 중요한 부분을 차지한다는 점이다. 나는 교육 전문가들이 많이 말씀하는 수준별 학습이 매우 중요하다고 생각한다.

사교육은 명성이 아니라
아이 수준에 맞는 선생을 찾아야

수빈이는 중학교 마칠 때쯤 수학학원에 다녔고, 고등학교에 올라와서는 보통 두 군데 정도 학원에 다녔다. 그리고 고3때는 두 군데 학원에서 언어, 수학, 외국어 3과목을 따로 배웠다. 군말이지만, 한약이고 사교육이고 제대로 하자면 상당한 비용을 지불해야 한다. 그런 비용을 낼 능력이 있는 부모가 과연 몇이나 되겠는가.

나는 경제에는 문외한이지만, 우리나라가 오래도록 겪고 있는 불경기의 원인이 글로벌 경제위기와 더불어 사교육비, 하우스 푸어 등의 이유 때문에 일반 가정에서 집세나 교육비 말고 다른 부분에 소비할 여력(가처분소득)이 없기 때문이라는 지적이 맞는다고 본다. 그런데 한약 먹어라, 사교육도 받아야 한다며 부추기는 글을 쓰고 있자니 얼굴이 뜨거워지는 것이 사실이다. 내 생각과 현실의 괴리를 따지자는 게 책의 주제는 아니니까, 대단히 죄송하다는 말씀으로 이 부분을 넘긴다. 독자 여러분의 너그러운 이해를 구한다.

수빈이가 학원에 다녔던 과정을 살펴보면 재미난 결론을 얻을 수 있다. 예컨대 150등 하는 아이가 단박에 1등을 할 수는 없다. 100등으로 올라가고, 거기서 다시 20~30등으로 점프하고, 그리고 최상위권이 되는 과정을 상정해볼 수 있는데, 150등 하는 학생을 100등이 되도록 도와준 학원이 그 아이를 더 위로 올리는 것은 어려울 수가 있다. 해답은 학원이나 선생님을 바꾸는 것이다. 조선 시대에도 보면 어린 학동을 가르칠 때 조부나 부친이 천자문이나 동몽선습을 가르치면, 이후에는 근동의 유학자에게 가서 사자소학 등을 배웠다. 성균관에 들어갈 수 있는 자격인 생원이나 진사가 되려면 소과를 통과해야 했다. 그러자면 향교로 스승을 찾아가 사서삼경을 배우는 게 일반적이었다. 수준에 따라 가르치는 선생님이 달랐던 것이 과거의 상례였다.

수빈이도 그랬다. 학원에 다니면서 성적이 올랐지만, 성적이 오르면 학원과 선생님을 바꿨고, 그때마다 점프에 가까운 성적 향상이 있었다. 여러 학원을 다녔지만 내 결론은 아이 성적이나 수준을 고려하지 않고 무조건 비싼 학원, 이름 있는 선생님을 찾는 것은 바보 같은 일이라는 것이다. 내 아이와 어떤 선생님이 잘 맞는지를 살피는 것도 매우 중요한 일일 것이다. 그러니까 수준에 맞는 학원을 보내려는 노력은 필요하다고 본다.

아버지니까 옳은 것이 아니다

두류와 수빈이에게 모질고 엄한 아버지로 살면서, 나 스스로 정당하다고 믿었다. 그것은 내가 그런 교육을 받았기 때문이기도 하고, 내가 시민운동에 참여하고 있기 때문이기도 했다. 지금 생각하면 대단히 바보 같은 생각이지만, 당시엔 내가 옳은 일을 하고 있다고 믿었고, 그러니까 나는 옳은 사람이라고 믿었다. 시민운동은 이 사회 구성체에 건강한 비판과 참여를 통한 시민 민주주의 실천의 장으로서 매우 중요한 의미가 있다. 시민운동은 옳다고 말할 수 있다. 등에가 성가시지만 말을 활기차게 만드는 존재가 아니겠느냐며, 나야말로 하늘이 아테네에 보내준 등에(?)라고 자기를 변호한 사람이 소크라테스였다. 시민운동은 이 사회에 꼭 필요한 호루라기 부는 사람으로 기능하고 있다.

하지만 시민운동이 옳다고, 시민운동에 몸담은 자가 자동으로 옳
게 되는 것은 아니다. 사람이 옳은지 그른지는 그가 어떤 진영에 속
하기 때문에 결정되는 게 아니다. 그가 하나하나의 행위마다 항상
진정성을 갖고 임하며, 그래서 최선을 다해 노력하고, 그 결과 올바
르고 가치 있는 성과물(또는 의미 있는 과정)을 만들 때에만 확보할
수 있다. 시민운동가나 성직자, 교사, 공무원이 모두 성인군자라고
생각하는 것은 아니지 않은가. 나는 시민운동을 하고 있으니 옳다
고 믿는 것은, 아무런 근거도 없고 타당하지도 않은 논리 비약이다.

그런데도 불구하고 내가 바로 그 논리비약을 주야장천하고 있었
음을 고백한다. 나는 작년에 대전충남 민언련 공동대표직에서 물러
나면서, 25년간 청년한의사회, 참여연대 등에서 임원으로 활동하던
그간의 경력에서 공식적으로 물러났다. 물론 몇몇 단체에 회원으로
가입되어 있고, 앞으로도 기회가 되면 시민운동진영의 움직임에 함
께할 테지만, 공식적인 직함을 맡지는 않으려 한다. 부족한 사람이
큰 자리를 맡는 것은 피차간에 무리수다. 그 억지를 25년간 이어오
면서 내가 얼마나 독선에 빠졌는지, 말로는 민주를 운위하면서 실
제로는 얼마나 비민주적인 인간이었는지, 그 자리를 벗어나고서야
비로소 알았다.

부모가 아이들에게 이렇게 해, 저렇게 해 말할 수 있는 것은, 그
길이 옳다고 믿기 때문일 것이다. 세상의 어떤 부모가 자식이 떡을
달라는데 돌을 주고, 생선을 달라는데 뱀을 줄 것인가. 그러나 부모

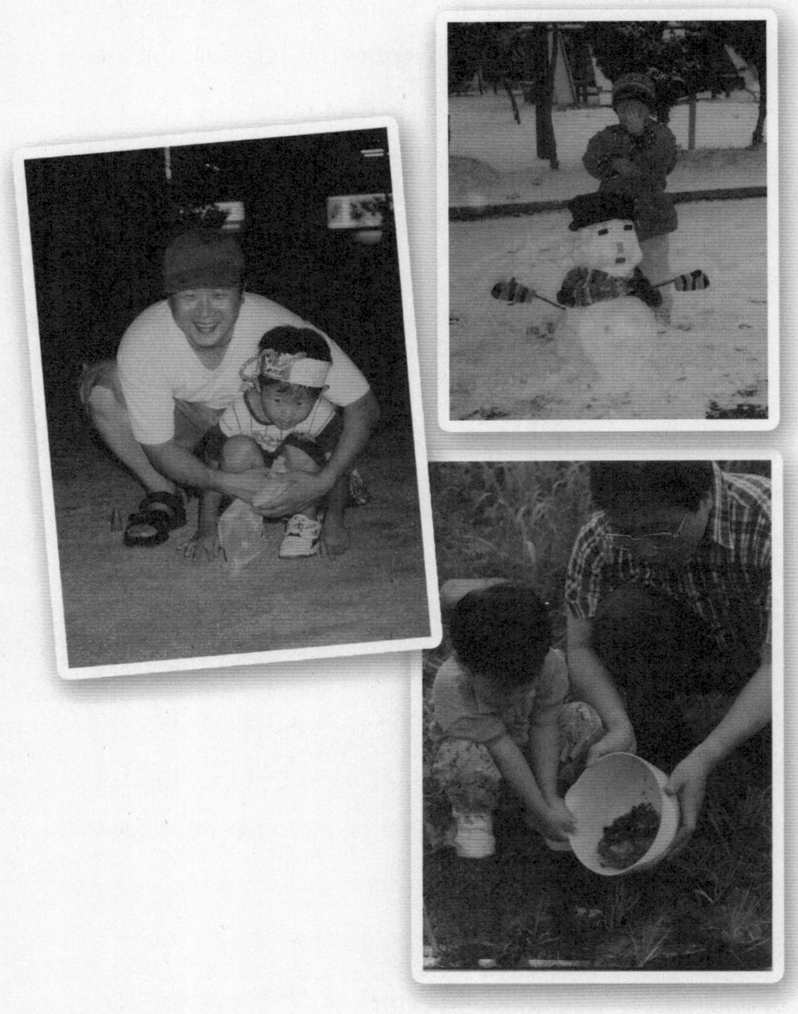

아이는 누구나 혼자서도 잘 놀고, 형제끼리도 잘 논다. 이때 부모, 특히 아버지가 아이와 함께 놀아주면 인성도 사회성도 키워줄 수 있다. 아이가 커서 사춘기가 되면, 그때는 놓아주되 지켜보아야 한다. 아이 성장 과정에 아버지 역할이 적지 않다.

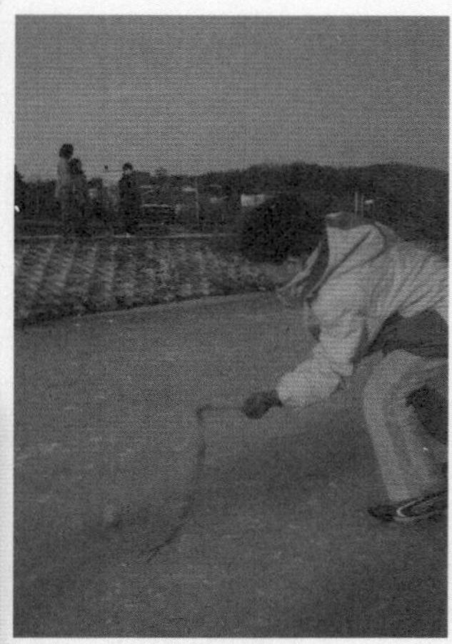

가 자식에게 권유(강제)한 것이 결과적으로 돌이 되고 뱀이 되는 경우가 생기는 것은 대체 왜 그런 것일까. 바로 부모의 확신이 그릇된 판단에 기초하고 있기 때문이다.

놓아두되 지켜보자

나는 우리 집안에 공부하는 학자가 한 명 나오기를 바라는 심정으로 수빈이 이름을 지었다. 여자아이 이름처럼 들리지만, 수빈이는 빼어날 수秀에 빛날 빈彬을 쓰는 남자아이다. 이때 빛날 빈의 의미에 문채文彩가 빛난다는 의미가 담겨 있다. 이름 따라 간다는 건데, 넌 어째 아비가 시키는 대로 따르지 않느냐고 다그쳤을 때, 수빈이는 멀어졌다. 공부도 잘하지 못했다. 심리검사 결과지를 받아들고 자식이 나를 무서워한다는 사실을 깨닫고, 그저 놓아두되 지켜보는 자세를 견지하며 격려하고 축복해주자, 결과가 아름다웠다.

수빈이는 이를테면 천재형은 아니다. 그 아이는 꾸준히 책을 읽고 집중해서 공부한 끝에 서울대를 갔다. 한약이나 사교육, 다른 소소한 일들(휴대폰이 없었다거나, 학교 갈 때 현관에서 안아줬다던가 등등)도 조금은 영향을 줬겠지만, 그 두 가지가 핵심이다. 한 가지를 더 말하라면, 본인의 동기부여가 얼마나 절실하고 크냐를 들겠다. 공부는 누가 뭐래도 스스로 하는 것이다. 비싼 과외나 철저한 스펙 쌓

인생이란 발이 푹푹 빠지는 갯벌을 건너는 것과 비슷하지 않을까.
그런 어려움을 견뎌야 마른 땅도 나오고 탄탄대로도 만날 것이다.
엄하고 성마른 아버지 밑에서 갯벌을 건너듯 청소년기를 잘 마친
수빈이가 자랑스럽다. 2006년 갯벌 생태체험.

기로 좋은 결과를 만들 수 있을지는 모른다. 하지만 본인이 스스로 공부를 하겠다는 자발적 의지를 먼저 갖춰야 한다. 그리고 공부를 잘할 수 있는 베이스가 되는 기초교육으로서 독서, 교육과정에서 중요한 내용을 확실히 이해하고 암기하고 응용할 수 있는 반복학습이 가장 중요하다. 한약도 사교육도 바로 이런 자세를 갖추고 노력하는 아이들에게 조그만 도움을 보탤 수 있는 거라고 믿는다.

사람은 서로 기대야 한다

이렇게 해서 수빈이가 대학에 가기까지 긴 여정도 끝나고, 내 군말도 마지막에 이르렀다. 서두에서도 밝혔지만, 중학교 다닐 때 전체 300명 중에서 국영수 과목 점수가 100~200등을 오락가락했던 평범한 아이가 이렇게 놀라운 결과를 낳은 점이 희한했다. 그리고 조건이 맞기만 한다면 누구나 이런 결과를 낳을 수 있다고 확신했기에, 그 경험을 나누고 싶었다. 물론 한약이 건강보험 적용이 되지 않고, 특히 공진단과 장원단을 먹자면 비용이 아주 많이 드는 게 사실이다. 내가 한의사라서 수빈이에게 큰 부담 없이 그런 한약을 처방할 수 있었던 것도 또한 사실이다. 다만 격려하고 독서를 권장하고 부모가 솔선하는 것만으로도 성적은 오를 거라고 확신한다. 이 책이 형편이 어려운 학생에게 또 다른 좌절이나 열패감을 주는 그런 장벽으로 작용하지 않기를 희망한다. 지금 공부에 매진하고 있을 전

  아이에게 자유를 줄래요

아빠: 마지막으로 본인은 어떤 삶을 살고 싶고, 어떤 아버지가 되고 싶은지?

아들: 욕망의 피라미드라는 거에서, 돈에 대한 욕구를 어느 정도 충족하고 나면 명예를 원한다고 하죠. 저는 명예를 원한다고 생각해요. 학자를 지망하는 사람으로서, 학업의 성취를 이루어, 그 성취를 인정받고 싶다는 욕심은 명예욕 아닐까요. 성취를 이루며, 그에 맞는 명예를 받고, 그 명예에 부끄럽지 않은 삶을 살고 싶어요. 그리고 제가 그런 사람이 됐으면 좋겠어요. 건방짐과 오만함과 부족한 배려를 고칠 수 있으면 좋겠어요. 바라는 아버지의 상은 그렇게 구체적이지는 않지만, 제가 자란 것처럼, 자유를 주고 싶어요. 아이에게 도덕관을 가르친 다음에는, 자유롭게 살게 하고 싶어요. 사랑하더라도, 원하는 것을 방해하고 싶지는 않아요. 다만, 아이들에게 친근한 사람이 되고 싶어요. 아이를 훈육할 때, 잘못을 고치는 데는 매로 상징되는 억압이 단기간으로는 효과적이지만 정서에 좋지 않다고 생각해요. 저 자신도 노력이 많이 필요하지만, 남의 잘못을 사랑으로 보듬을 수 있다면 얼마나 좋을까요.

원고가 상당히 짧네요. 저는 이걸 원고라고 생각하면서 쓰기보다는, 아버지에게 보내는 자전적인 편지라고 생각하면서 국의 모든 학생이 자기 적성과 능력을 충분히 발휘할 수 있기를, 그래서 모두 좋은 결과를 얻기를 바란다.

마지막으로 이 책의 주인공이자 내 아이 수빈이에게 아버지로서 당부한다. 인생을 살면서 수많은 판단을 내리게 될 것이다. 그때마다 잊지 말길 바라는 한 가지가 있다. 차가운 지성과 뜨거운 가슴을 가지고, 그것을 판단의 기준으로 삼으라는 것이다.

앞에서도 말했지만, 사람은 서로 기대야 한다. 사람 인人은 두 사람이 서로 기대서 함께 공존하는 존재란 의미다. 사람은 절대로 혼자 살 수 없는 존재다. 항상 이웃을, 특히 어려운 처지의 이웃을 생각하고, 뜨겁게 그들과 함께 걸어 나가길 바란다. 물론 머리는 누구보다도 차갑고 명징한 지성으로 무장해야 할 것이다. 사회학을 공부하고 싶어 하는 네 앞날에 어떤 고난과 역경이 기다리고 있을지

나는 모른다. 하지만 언제나 차가운 지성과 뜨거운 가슴으로 세상을 살아간다면, 네가 아비 나이가 됐을 때 네 자신에게 좋은 점수를 줄 수 있으리라고 확신한다. 한수빈의 무궁한 미래에 아버지로서 격려와 축복을 보낸다.

나의 사랑하는 아들아, 애썼다. 그리고 고맙다.

국립중앙도서관 출판시도서목록(CIP)

아버지 그림자밟기 : 강남 엄마는 절대 모르는 전교 200등
서울대 가기 / 지은이 : 한일수. -- 파주 : 유리창, 2014
    p. ;   cm

ISBN 978-89-97918-12-6 13590 : ₩14000

자녀 교육[子女敎育]

598.1-KDC5
649.1-DDC21   CIP20140081231

이 도서의 국립중앙도서관 출판시도서목록(CIP)은 서지정보유통지원시스템 홈페이지
(http://seoji.nl.go.kr)와 국가자료공동목록시스템(http://www.nl.go.kr/kolisnet)
에서 이용하실 수 있습니다.(CIP제어번호: CIP2014008123)

아버지 그림자밟기

강남 엄마는 절대 모르는 전교 200등 서울대 가기

초판 1쇄 발행 2014년 3월 25일
초판 2쇄 발행 2014년 4월 7일

지은이 한일수
펴낸이 우좌명
펴낸곳 출판회사 유리창
출판등록 제406-2011-000075호(2011.3.16)
주소 413-756 경기도 파주시 문발로 115, 402호(문발동, 세종출판타운)
전화 031)955-1621
팩스 0505)925-1621
홈페이지 www.yurichangbook.com
이메일 yurichangpub@gmail.com

ISBN 978-89-97918-12-6 13590